읽기만 해도

해도

수학 나형 기출문제

최소
수능2등급
이라니!

이윤원 지음

뜨인돌

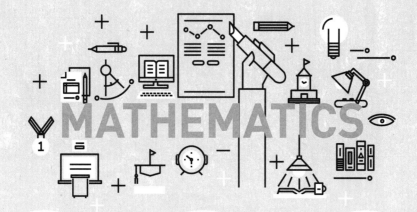

매일 한 유형씩,
한 달에 끝내는
수학 2등급 프로젝트

최근 수능에
진짜 출제된
기출 유형 25

출제자 의도
완전 분석!

한국교육과정평가원 출제자들이 매해 반복적으로 출제하는 기출문제 유형은 정해져 있다. 이 유형들만 분석해도 최소 2등급은 받을 수 있다!

수능 수학에서 2등급이 안 나오는 학생들은 크게 두 유형으로 나눌 수 있다. 첫째, 스스로 아직은 부족하다며 개념서만 계속 붙들고 있는 학생, 둘째, 수능에는 절대 나오지 않을 쓸데없는 문제를 붙들고 씨름하는 학생. 그럼 이 학생들이 수능 수학을 대비할 가장 좋은 방법은 무엇일까?

2등급이 안 나오는 학생들이 잡아야 할 것은 기출문제다. 기출문제를 풀며 실제로 수능과 모의고사에 어떤 문제들이 나왔는지 파악하고, 출제자의 의도를 간파하는 것이 수능 준비의 시작이다. 왜? 평가원의 출제자들은 자신들이 중요하다고 생각하는 개념, 선호하는 풀이를 변형하여 수능에 반복적으로 출제하기 때문이다.

그러면 기출문제를 어디서부터 어떻게 풀어야 할 것인가? 출제된 지 10년도 넘은, 요즘 출제 경향과 동떨어진 문제까지 모두 봐야 하는 것인가? 평가원이 출제하지 않고 시·도 교육청, 경찰대, 사관학교에서 출제한 쓸데없이 복잡하고 사소한 기출문제까지 공부해야 할까?

제발 시험에 나오지도 않을 쓸데없이 복잡하고 사소한 문제를 풀며 개념 정리를 한다느니, 수능을 준비한다느니 하지 말자. 물론 다양한 문제를 많이 풀면 좋지만, 평가원이 매해 반복해서 출제하는 기출문제만 풀어 봐도 매우 쉽고 빠르게 최소 2등급 안에 들 수 있다. 단, 문제를 푸는 것보다 더 중요한 일은 분석이다. 무작정 풀기만 하면 문제가 조금만 바뀌어도 손을 대지 못한다. 몇 번을 반복해 풀며 복습해도 별로 도움이 안 된다는 뜻이다.

이 책에는 최근 수능에 진짜로 출제된, 평가원이 반복해서 출제하는 유형 25가지가 각 유형별로 2문제씩 수록되어 있다. 실제 기출문제의 조건을 조금씩 변형했기 때문에 같은 문제를 풀어 본 학생들도 새롭게 풀어 볼 수 있다. 또한 가장 효과적인 풀이와 출제자의 의도를 글로 차근차근 풀어내어, 읽기만 해도 기출문제 분석이 가능하다.

매일 한 유형씩 자기 전에, 쉬는 시간에, 버스 안에서 가볍게 이 책을 펴서 읽어라. 반복해서 읽다 보면 최소 2등급은 받게 될 것이다.

※ 서울명덕외고 최진웅, 세화여고 김미진 학생이 이 책의 제작에 참여, 수험생의 필요에 맞는 책을 만들 수 있도록 도움을 주었다.

30일 완성 학습 점검표 checklist

step 1 — 매일 한 개씩 유형을 읽으며 풀이 속에 숨겨진 출제자의 의도를 분석한다. 완벽히 분석한 유형은 ○, 헷갈렸던 유형은 △, 꼭 다시 봐야 할 유형은 ☆로 체크!

step 2 — 5일 동안 5개 유형을 익히면 다음 날은 반드시 앞서 익힌 5개 유형의 문제들을 직접 풀며 복습한다. 채점 후 맞은 문제는 ○, 틀린 문제는 X로 체크한다.

step 3 — 30일 프로젝트를 끝낸 후에는 △, ☆, X로 체크된 유형을 중점적으로 다시 복습, 같은 방법으로 체크하면서 총 5회는 반복한다.

30일 프로젝트								
시작일	년	월	일		완성일	년	월	일

DAY 1	DAY 2	DAY 3	DAY 4	DAY 5
유형 01	유형 02	유형 03	유형 04	유형 05
그래프를 이용한 수열의 극한	실생활 활용 조건부 확률	확률의 연산	명제의 집합 포함 관계	경우의 수, 확률을 이용한 빈칸 채우기

DAY 6 복습				
유형 01	유형 02	유형 03	유형 04	유형 05

DAY 7	DAY 8	DAY 9	DAY 10	DAY 11
유형 06	유형 07	유형 08	유형 09	유형 10
중복조합	닮은 도형의 반복	두 구간으로 나눠진 함수의 연속	실생활 활용 지수와 로그	정규분포

DAY 12 복습				
유형 06	유형 07	유형 08	유형 09	유형 10

DAY 13	**DAY 14**	**DAY 15**	**DAY 16**	**DAY 17**
유형 11	유형 12	유형 13	유형 14	유형 15
모평균의 추정	극한을 이용한 미정계수 결정	급수와 정적분	위치와 속도, 거리	접선의 방정식

DAY 18 복습

유형 11	유형 12	유형 13	유형 14	유형 15

DAY 19	**DAY 20**	**DAY 21**	**DAY 22**	**DAY 23**
유형 16	유형 17	유형 18	유형 19	유형 20
집합의 연산과 부분집합	급수와 극한의 관계	등차, 등비수열의 일반항	정적분의 성질	Σ로 표현된 수열의 합

DAY 24 복습

유형 16	유형 17	유형 18	유형 19	유형 20

DAY 25	**DAY 26**	**DAY 27**	**DAY 28**	**DAY 29**
유형 21	유형 22	유형 23	유형 24	유형 25
대칭함수의 정적분	이항정리	독립시행의 확률	미분계수의 정의와 의미	유리함수의 그래프

DAY 30 복습

유형 21	유형 22	유형 23	유형 24	유형 25

읽기만 해도 2등급

목
차

읽기만
해도
2등급

01 그래프를 이용한 수열의 극한

n으로 나타내라!

4점짜리로 출제되는 유형이지만 하나도 어렵지 않아. 푸는 방법이 딱 정해져 있거든.

문제에 주어진 조건을 통해 길이 혹은 넓이를 n으로 나타내고, 극한 계산만 하면 돼!

기출유형

01

자연수 n에 대하여 직선 $x = 4^n$이 곡선 $y = \sqrt{x}$와 만나는 점을 P_n이라 하지. 선분 $P_n P_{n+1}$의 길이를 L_n이라 할 때, $\lim\limits_{n \to \infty} \left(\dfrac{L_n}{L_{n+1}} \right)^2 = \dfrac{q}{p}$이다. $p + q$의 값을 구하시오. (단, p와 q는 서로소인 자연수이다.) [4점]

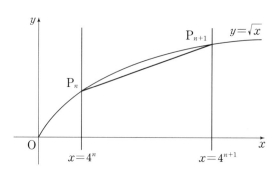

$p + q$의 값을 알려면 결국 구해야 하는 것은 $\lim\limits_{n \to \infty} \left(\dfrac{L_n}{L_{n+1}} \right)^2$의 극한값이야.

L_n을 먼저 n으로 나타내고, n에 대한 극한값 계산만 하면 돼.

자, L_n은 뭐지? 점 P_n과 점 P_{n+1}의 사이 길이를 L_n이라 하지? 그럼 P_n과 P_{n+1}의 좌표를 먼저 구하는 거야. 그리고 점과 점 사이의 거리 공식을 이용해서 P_n과 P_{n+1}의 길이 L_n을 구하면 돼.

먼저 점 P_n을 구해 볼게. P_n은 함수 $y = \sqrt{x}$와 직선 $x = 4^n$이 만나는 교점이야. 그렇다면 P_n의 x좌표는 4^n이고, y좌표는 $y = \sqrt{x}$에 x좌표 4^n을 대입한 $y = \sqrt{4^n} = \sqrt{(2^2)^n} = \sqrt{2^{2n}} = \sqrt{(2^n)^2} = 2^n$임을 알 수 있어. 즉, 점 P_n의

좌표는 $P_n(4^n,\ 2^n)$이야. 점 P_{n+1}은 새로 계산할 거 없이, 방금 구한 P_n의 n 자리에 $n+1$을 대입해 $P_{n+1}(4^{n+1},\ 2^{n+1})$로 나타내면 돼.

이제 두 점 P_n과 P_{n+1}의 좌표를 구했으니, 그 두 점 사이의 거리 L_n을 점과 점 사이의 거리 공식으로 구해 볼게.

점 $A(x_1,\ y_1)$와 점 $B(x_2,\ y_2)$ 사이의 거리를 l이라 할 때
$l=\sqrt{(x_2-x_1)^2+(y_2-y_1)^2}$

$$P_n(4^n,\ 2^n),\ P_{n+1}(4^{n+1},\ 2^{n+1})$$
$$L_n=\sqrt{(4^{n+1}-4^n)^2+(2^{n+1}-2^n)^2}$$

괄호 속 $4^{n+1}-4^n$, $2^{n+1}-2^n$과 같은 거듭제곱의 덧셈, 뺄셈 계산은 지수가 n만 남도록 바꿔서 계산하는 게 편리해.

$$4^{n+1}-4^n=4^1\times4^n-1\times4^n=(4-1)\times4^n=3\times4^n$$
$$2^{n+1}-2^n=2^1\times2^n-1\times2^n=(2-1)\times2^n=2^n$$

이렇게 바꿔서 계속 계산하면,

$$L_n=\sqrt{(4^{n+1}-4^n)^2+(2^{n+1}-2^n)^2}=\sqrt{(3\times4^n)^2+(2^n)^2}$$
$$=\sqrt{3^2\times4^{2n}+2^{2n}}=\sqrt{9\times16^n+4^n}$$

$L_n=\sqrt{9\times16^n+4^n}$이므로, L_{n+1}은 L_n의 n에 $n+1$을 대입하여 나타내면 되겠지? $L_{n+1}=\sqrt{9\times16^{n+1}+4^{n+1}}$이야.

이제 마지막이야! 구해 놓은 L_n과 L_{n+1}을 이용해 극한을 계산하자.

$$\lim_{n\to\infty}\left(\frac{L_n}{L_{n+1}}\right)^2=\lim_{n\to\infty}\left(\frac{\sqrt{9\times16^n+4^n}}{\sqrt{9\times16^{n+1}+4^{n+1}}}\right)^2$$
$$=\lim_{n\to\infty}\frac{(\sqrt{9\times16^n+4^n})^2}{(\sqrt{9\times16^{n+1}+4^{n+1}})^2}$$
$$=\lim_{n\to\infty}\frac{9\times16^n+4^n}{9\times16^{n+1}+4^{n+1}}$$
$$=\lim_{n\to\infty}\frac{9\times16^n+4^n}{9\times16\times16^n+4\times4^n}$$

이때 n이 무한히 커질 때, 등비수열 16^n과 4^n이 모두 ∞로 값이 커지므로 분모와 분자 모두 ∞로 발산해. $\dfrac{\infty}{\infty}$ 형태의 극한은 분모에서 가장 빠르게 값이 커지는 16^n으로 분모, 분자를 나누면 돼. 바로 적용해 볼까?

$$\lim_{n \to \infty} \left(\frac{L_n}{I_{n+1}}\right)^2 = \lim_{n \to \infty} \frac{9 \times 16^n + 4^n}{9 \times 16 \times 16^n + 4 \times 4^n}$$

$$= \lim_{n \to \infty} \frac{\dfrac{9 \times 16^n}{16^n} + \dfrac{4^n}{16^n}}{\dfrac{9 \times 16 \times 16^n}{16^n} + \dfrac{4 \times 4^n}{16^n}}$$

$$= \lim_{n \to \infty} \frac{9 \times \left(\dfrac{16}{16}\right)^n + \left(\dfrac{4}{16}\right)^n}{9 \times 16 \times \left(\dfrac{16}{16}\right)^n + 4 \times \left(\dfrac{4}{16}\right)^n}$$

$$= \lim_{n \to \infty} \frac{9 + \left(\dfrac{1}{4}\right)^n}{9 \times 16 + 4 \times \left(\dfrac{1}{4}\right)^n}$$

n이 무한히 커질 때, 등비수열 $\left(\dfrac{1}{4}\right)^n$은 공비가 $\left|\dfrac{1}{4}\right| < 1$이므로 0으로 수렴하기 때문에 아래와 같이 정의할 수 있어.

$$\lim_{n \to \infty} \left(\frac{L_n}{L_{n+1}}\right)^2 = \lim_{n \to \infty} \frac{9 + \left(\dfrac{1}{4}\right)^n}{9 \times 16 + 4 \times \left(\dfrac{1}{4}\right)^n}$$

$$= \frac{9 + 0}{9 \times 16 + 4 \times 0} = \frac{1}{16}$$

$\lim_{n \to \infty} \left(\dfrac{L_n}{L_{n+1}}\right)^2 = \dfrac{1}{16} = \dfrac{q}{p}$이므로 $p = 16$, $q = 1$. p와 q가 '서로소인 자연수'라는 조건도 만족시키지? 따라서 답은 $p + q = 17$

 정답 17

기출유형

02

자연수 n에 대하여 좌표가 $(0,\ 2n+1)$인 점을 P라 하고, 함수 $f(x)=\dfrac{x^2}{n}$의 그래프 위의 점 중 y좌표가 1이고 제1사분면에 있는 점을 Q라 하자. 점 R$(0,\ 1)$에 대하여 삼각형 PRQ의 넓이를 S_n, 선분 PQ의 길이를 l_n이라 할 때, $\displaystyle\lim_{n\to\infty}\dfrac{\sqrt{n}\times S_n}{l_n^{\,2}}$ 값은? [4점]

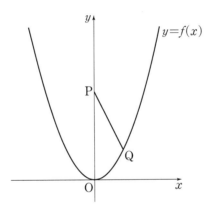

① $\dfrac{3}{2}$ ② $\dfrac{5}{4}$ ③ 1 ④ $\dfrac{1}{2}$ ⑤ $\dfrac{1}{4}$

이 문제는 뭐부터 해야 할까? 문제를 차분히 읽으며 어떻게 풀지 설계해 봐.

점 Q의 좌표를 구해서, 삼각형 PRQ의 넓이 S_n과 선분 PQ의 길이 l_n을 n으로 나타내야겠지? 앞 문제와 차이를 굳이 찾자면 길이 l_n뿐만 아니라 넓이 S_n도 구해서 극한을 계산해야 한다는 것 정도야.

그럼 점 Q의 좌표를 먼저 구하자. 점 Q는 $y = \dfrac{x^2}{n}$ 그래프 위의 y좌표가 1인 점이라 하니, y에 1을 대입하면 x좌표를 구할 수 있어.

$$1 = \dfrac{x^2}{n}$$
$$x^2 = n$$
$$x = \pm\sqrt{n}$$

그런데 점 Q는 제1사분면에 있는 점이니까 x좌표가 양수야. 따라서, 점 Q의 x좌표는 $x = \pm\sqrt{n}$ 중 양수 $+\sqrt{n}$으로 $Q(\sqrt{n},\ 1)$이야.

방금 구한 점 Q와 문제에서 주어진 점 P, R을 그래프 위에 나타낼게. 일단 알 수 있는 것은 점 $P(0,\ 2n+1)$, $R(0,\ 1)$은 x좌표가 0으로, y축 위에 있다는 사실이야. 그리고 점 $R(0,\ 1)$과 $Q(\sqrt{n},\ 1)$는 y좌표가 1로 같으니, 선분 RQ는 x축에 평행이고 y축에 수직이야.

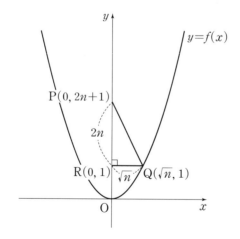

이제 본격적으로 삼각형 PRQ의 넓이 S_n과 선분 PQ의 길이 l_n을 구하자. 삼각형 PRQ의 넓이는 선분 PR과 선분 RQ가 수직이므로, $\overline{PR}$을 삼각형의 밑변, $\overline{RQ}$는 삼각형의 높이로 볼 수 있어.

그래서 삼각형 PRQ의 넓이는 $S_n = \frac{1}{2} \times \overline{\text{PR}} \times \overline{\text{RQ}}$로 계산하면 돼.

$\overline{\text{PR}}$의 길이는 어떻게 구하지? $\text{P}(0, \ 2n+1)$와 $\text{R}(0, \ 1)$은 x좌표가 같으니까, y좌표의 차이 $(2n+1) - (1) = 2n$이 곧 $\overline{\text{PR}}$의 길이야. $\overline{\text{PR}} = 2n$

$\overline{\text{RQ}}$의 길이도 구해야지. $\text{R}(0, \ 1)$과 $\text{Q}(\sqrt{n}, \ 1)$는 y좌표가 같으니까, x좌표의 차이 $(\sqrt{n}) - (0) = \sqrt{n}$이 곧 선분 RQ의 길이야. $\overline{\text{RQ}} = \sqrt{n}$

자, 이렇게 구한 두 길이를 활용하면, 삼각형 PRQ의 넓이가

$S_n = \frac{1}{2} \times \overline{\text{PR}} \times \overline{\text{RQ}} = \frac{1}{2} \times 2n \times \sqrt{n} = n\sqrt{n}$임을 알 수 있어.

아직 끝이 아니지? 이제 선분 PQ의 길이 l_n도 구해야 돼. 점 P과 Q의 좌표를 아니까, 점과 점 사이의 거리 공식을 이용할 거야.

$$\text{P}(0, \ 2n+1), \ \text{Q}(\sqrt{n}, \ 1)$$
$$l_n = \sqrt{(\sqrt{n}-0)^2 + \{1-(2n+1)\}^2} = \sqrt{(\sqrt{n})^2 + (-2n)^2}$$
$$= \sqrt{n + 4n^2} = \sqrt{4n^2 + n}$$

드디어 $\displaystyle\lim_{n \to \infty} \frac{\sqrt{n} \times S_n}{l_n^2}$의 극한 계산에 필요한 S_n과 l_n을 모두 구했어.

이제 마지막 계산만 해 주면 돼!

$$S_n = n\sqrt{n}, \ l_n = \sqrt{4n^2 + n}$$

$$\lim_{n \to \infty} \frac{\sqrt{n} \times S_n}{l_n^2} = \lim_{n \to \infty} \frac{\sqrt{n} \times n\sqrt{n}}{(\sqrt{4n^2+n})^2}$$

$$= \lim_{n \to \infty} \frac{n^2}{4n^2 + n} = \lim_{n \to \infty} \frac{\dfrac{n^2}{n^2}}{\dfrac{4n^2+n}{n^2}}$$

$$= \lim_{n \to \infty} \frac{1}{\dfrac{4n^2}{n^2} + \dfrac{n}{n^2}} = \lim_{n \to \infty} \frac{1}{4 + \dfrac{1}{n}} = \frac{1}{4}$$

 정답 ⑤

읽기만
해도
2등급

02 실생활 활용
조건부 확률

기출유형

02

자연수 n에 대하여 좌표가 $(0,\ 2n+1)$인 점을 P라 하고, 함수 $f(x)=\dfrac{x^2}{n}$의 그래프 위의 점 중 y좌표가 1이고 제1사분면에 있는 점을 Q라 하자. 점 R$(0,\ 1)$에 대하여 삼각형 PRQ의 넓이를 S_n, 선분 PQ의 길이를 l_n이라 할 때, $\displaystyle\lim_{n\to\infty}\dfrac{\sqrt{n}\times S_n}{l_n^{\,2}}$ 값은? [4점]

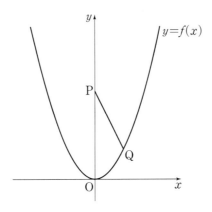

① $\dfrac{3}{2}$ ② $\dfrac{5}{4}$ ③ 1   ④ $\dfrac{1}{2}$ ⑤ $\dfrac{1}{4}$

이 문제는 뭐부터 해야 할까? 문제를 차분히 읽으며 어떻게 풀지 설계해 봐.

점 Q의 좌표를 구해서, 삼각형 PRQ의 넓이 S_n과 선분 PQ의 길이 l_n을 n으로 나타내야겠지? 앞 문제와 차이를 굳이 찾자면 길이 l_n뿐만 아니라 넓이 S_n도 구해서 극한을 계산해야 한다는 것 정도야.

그럼 점 Q의 좌표를 먼저 구하자. 점 Q는 $y = \dfrac{x^2}{n}$ 그래프 위의 y좌표가 1인 점이라 하니, y에 1을 대입하면 x좌표를 구할 수 있어.

$$1 = \frac{x^2}{n}$$
$$x^2 = n$$
$$x = \pm\sqrt{n}$$

그런데 점 Q는 제1사분면에 있는 점이니까 x좌표가 양수야. 따라서, 점 Q의 x좌표는 $x = \pm\sqrt{n}$ 중 양수 $+\sqrt{n}$으로 $Q(\sqrt{n},\ 1)$이야.

방금 구한 점 Q와 문제에서 주어진 점 P, R을 그래프 위에 나타낼게. 일단 알 수 있는 것은 점 $P(0,\ 2n+1)$, $R(0,\ 1)$은 x좌표가 0으로, y축 위에 있다는 사실이야. 그리고 점 $R(0,\ 1)$과 $Q(\sqrt{n},\ 1)$는 y좌표가 1로 같으니, 선분 RQ는 x축에 평행이고 y축에 수직이야.

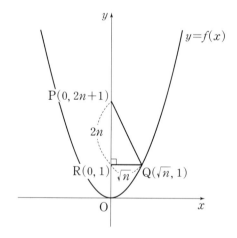

이제 본격적으로 삼각형 PRQ의 넓이 S_n과 선분 PQ의 길이 l_n을 구하자. 삼각형 PRQ의 넓이는 선분 PR과 선분 RQ가 수직이므로, $\overline{PR}$을 삼각형의 밑변, $\overline{RQ}$는 삼각형의 높이로 볼 수 있어.

표를 그려라!

3점 혹은 4점짜리 문제가 나오기 시작하는 초반부에 등장하는 유형이야. 굉장히 쉬워. 무조건 맞혀야 돼. 교과서적으로 풀자면 조건부 확률 $P(B|A)$의 개념을 통해 풀어야 하지만, 사실 잘 몰라도 상관없어! 문제에서 제시한 조건들을 표를 그려 정리하고, 의미에 맞게 풀어 주기만 하면 답이 금방 나와.

기출유형

01

어느 회사의 직원은 모두 80명이고, 각 직원은 두 개의 부서 A, B 중 한 부서에 속해 있다. 이 회사의 A 부서는 30명, B 부서는 50명의 직원으로 구성되어 있다. 이 회사의 A 부서에 속해 있는 직원의 $\frac{1}{3}$이 남성이다. 이 회사 여성 직원의 60%는 B 부서에 속해 있다. 이 회사의 직원 80명 중 임의로 선택한 한 명이 B 부서에 속해 있을 때, 이 직원이 남성일 확률은 p이다. $60p$의 값을 구하시오. [4점]

4점짜리로 출제된 문제야. 살짝 복잡해 보이지? 겁먹을 필요 없어. 일단 표로 정리한다는 생각으로 풀면 어렵지 않아.

먼저 조건들이 나뉘는 기준부터 체크! 회사 직원이 모두 80명인데, 각 직원은 부서 A, B 중 한 부서에 속한다고 해. 그리고 또 남성 직원, 여성 직원으로 성별로도 조건을 나누고 있어. 이제 본격적으로 표를 그려 각 칸을 채워 볼게.

문제에서 A 부서는 30명, B 부서는 50명으로 구성되어 있다고 했어.
A 부서에 속한 직원의 $\frac{1}{3}$이 남성이라 하니, A 부서 전체 30명의 $\frac{1}{3}$인 $30 \times \frac{1}{3} = 10$명이 남성 직원이야. 그렇다면 A 부서의 여성 직원은 A 부서 전체에서 남성 직원을 제외한 $30 - 10 = 20$명이야.

아직 모르는 B 부서의 여성 직원을 x명, 남성 직원은 $50 - x$명으로 놓자.

	남성 직원	여성 직원	합계
부서 A	10	20	30
부서 B	$50-x$	x	50
합계			80

(단위: 명)

이 회사의 여성 직원은 A 부서 20명, B 부서 x명을 합쳐 모두 $20+x$명이야. 그런데 문제에서 이 회사 여성 직원의 60%가 B 부서에 속한다고 하지?

즉, 이 회사 전체 여성 직원의 60%인 $(20+x) \times \dfrac{60}{100} = (20+x) \times 0.6$명이 B 부서 여성 직원($x$명)이란 뜻이야. 따라서, $(20+x) \times 0.6 = x$라고 식을 세울 수 있어. 이를 정리해서 나타내면 아래와 같아.

$$(20+x) \times 0.6 = x$$
$$(20+x) \times 6 = 10x$$
$$120 + 6x = 10x$$
$$120 = 4x$$
$$x = \frac{120}{4} = 30$$

B 부서의 여성 직원은 $x=30$명이고, 남성 직원은 $50-x=20$명이야. 이걸 아까 그린 표에 정리하자. 합계 칸도 이제 채울 수 있어.

	남성 직원	여성 직원	합계
부서 A	10	20	30
부서 B	20	30	50
합계	30	50	80

(단위: 명)

자, 이제 문제에서 물어보는 이 회사 전체 직원 80명 중에서 임의로 선택한 한

명이 B 부서에 속해 있을 때, 이 직원이 남성일 확률을 구할 수 있어.

임의로 선택한 한 명이 B 부서에 속해 있다고 하잖아. B 부서 전체 50명

중에 이 직원이 남성(20명)일 확률 p는 $\dfrac{20}{50}=\dfrac{2}{5}$야.

따라서 문제에서 구하는 값인 $60p$는?

$$60p=60\times\dfrac{2}{5}=24$$

정답 24

어느 학교의 전체 학생은 240명이고, 각 학생은 체험 학습 A, 체험 학습 B 중 하나를 선택하였다. 이 학교의 학생 중 체험 학습 A를 선택한 학생은 남학생 60명과 여학생 40명이다. 이 학교의 학생 중 임의로 뽑은 1명의 학생이 체험 학습 B를 선택한 학생일 때, 이 학생이 여학생일 확률은 $\frac{4}{7}$이다. 이 학교의 남학생의 수는? [3점]

① 110　　　② 115　　　③ 120　　　④ 125　　　⑤ 130

자, 이 문제에서는 전체 학생이 240명이라 하고, 크게 두 가지 기준이 제시되어 있어. 문제에 밑줄 그어 봐. 체험 학습 A와 B, 그리고 남학생, 여학생 성별. 이 두 가지 기준에 따라 문제의 조건을 표로 정리하는 게 풀이의 핵심!

먼저 체험 학습 A를 선택한 남학생은 60명, 여학생은 40명이라 하니, 체험 학습 A를 선택한 학생의 합계는 $60+40=100$명이야. 전체 학생은 240명이므로, 체험 학습 B를 선택한 학생은 체험 학습 A를 선택한 학생을 제외한 $240-100=140$명이겠지?

이제 체험 학습 B를 선택한 여학생을 x명, 남학생을 $140-x$명으로 두고 각각 몇 명인지만 찾으면 돼. 표는 잘 그리고 있지?

	남학생	여학생	합계
체험 학습 A	60	40	100
체험 학습 B	$140-x$	x	140
합계			240

(단위: 명)

문제에서 이 학교 학생 중에 임의로 뽑은 1명이 체험 학습 B를 선택한 학생일 때, 이 학생이 여학생일 확률이 $\dfrac{4}{7}$라고 주어졌어.

여기서 조건부 확률 개념이 살짝 필요한데. 뭐 $\mathrm{P}(B\,|\,A)$ 같은 기호를 사용해 어렵게 할 거 없이 이렇게 하면 돼.

임의로 뽑은 1명이 체험 학습 B를 선택한 학생이라 하니, 체험 학습 B를 선택한 전체 140명 중에서 이 학생이 여학생(x명)일 확률은 $\dfrac{x}{140}$야. 근데 이 확률이 $\dfrac{4}{7}$란 뜻이야. 식으로 나타내면 어떻게 될까?

$$\frac{x}{140}=\frac{4}{7}$$

$$x=80$$

체험 학습 B를 선택한 여학생은 $x=80$명, 남학생은 $140-x=60$명인 거야. 마지막으로 표를 정리하면 다음과 같아.

	남학생	여학생	합계
체험 학습 A	60	40	100
체험 학습 B	60	80	140
합계	120	120	240

(단위: 명)

따라서, 이 학교의 남학생의 수는 체험 학습 A와 체험 학습 B를 선택한 남학생을 모두 합해 $60+60=120$명이야.

 정답 ③

공부밖에 할 줄 모르는 바보한테 잘 보여라.
사회에 나온 다음 그 바보 밑에서 일하게 될지도 모른다.

- 빌 게이츠

읽기만
해도
2등급

03 확률의 연산

수능에 출제되는
몇 가지 개념을 정리하라!

이 유형은 3점짜리 문제가 등장하는 초반부에 출제되고 있어. 간단한 계산만으로도 풀리는 쉬운 유형이야. 확률의 연산에 대해 정리가 안 되어 있거나, 배반 사건과 독립 사건의 성질이 헷갈리면 실수하기도 해. 하지만 수능에 출제되는 개념만 한번 쭉 정리하면 어렵지 않아.

이 유형을 풀 때 필요한 집합의 성질과 확률의 연산을 몇 가지 정리해 볼게.

먼저 교집합($\cap$)은 교환 법칙($A \cap B = B \cap A$)이 성립해.

예를 들어 $B^c \cap A$를 $A \cap B^c$으로 바꿀 수 있어.

A와 B의 합집합(U)의 확률은 $P(A \cup B) = P(A) + P(B) - P(A \cap B)$로 계산해.

또, A의 여집합의 확률 $P(A^c)$은 전체 확률 1에서 A 확률을 뺀 $P(A^c) = 1 - P(A)$야.

마지막으로 가끔 쓰이긴 하지만, 아래의 '드모르간의 법칙'도 알아 두자.

$(A \cup B)^c = A^c \cap B^c, \ (A \cap B)^c = A^c \cup B^c$

기출유형

01

두 사건 A, B가 서로 독립이고

$$\mathrm{P}(A \cap B) = \frac{1}{6}, \quad \mathrm{P}(A \cap B^c) = \frac{1}{4}$$

일 때, $\mathrm{P}(B)$의 값은? (단, B^c은 B의 여사건이다.) [3점]

① $\frac{1}{5}$　　② $\frac{7}{30}$　　③ $\frac{2}{5}$　　④ $\frac{1}{2}$　　⑤ $\frac{8}{15}$

우선 이 문제를 풀 때 꼭 알아야 할 집합의 성질이 있어.

$A \cap B^c$은 $A-B$와 같다는 거야.

이건 외워 두어야 해. 그러면 $\mathrm{P}(A \cap B^c) = \frac{1}{4}$은 $\mathrm{P}(A-B) = \frac{1}{4}$로 바꿀

수 있어. 이제 문제의 조건에 맞게 집합의 관계를 그려 볼게.

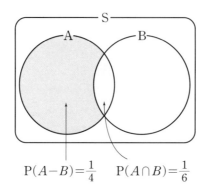

$$\mathrm{P}(A-B) = \frac{1}{4} \qquad \mathrm{P}(A \cap B) = \frac{1}{6}$$

❶ <집합 A>

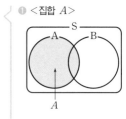

A

❷ <집합 B의 여집합 B^c>

B^c

❸ <$A \cap B^c$>

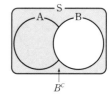

$A \cap B^c = A - B$

자, 그림을 보면 알 수 있듯이 사건 A의 확률도 구할 수 있어. 확률 $\mathrm{P}(A)$

는 $\mathrm{P}(A-B)$와 $\mathrm{P}(A \cap B)$ 부분을 더하면 되겠지?

$P(A)=P(A-B)+P(A\cap B)$이므로 이 식에 문제의 조건들을 대입해 보자.

$$P(A\cap B^c)=P(A-B)=\frac{1}{4},\ \ P(A\cap B)=\frac{1}{6}$$

$$P(A)=P(A-B)+P(A\cap B)=\frac{1}{4}+\frac{1}{6}=\frac{5}{12}$$

이렇게 $P(A)=\dfrac{5}{12}$ 임을 알 수 있어.

그런데 아직 사용하지 않은 조건이 하나 더 있지?

사건 A, B가 서로 독립이라고 하잖아. 이제부터 독립의 성질을 이용해 $P(B)$를 구할 거야.

독립의 의미가 무엇인지 기억 안 나도 상관없어. 그냥 사건 A와 B가 독립이면 $P(A\cap B)=P(A)\times P(B)$라는 식만 알면 돼.

이 식에 앞에서 구한 $P(A)=\dfrac{5}{12}$와 문제의 조건 $P(A\cap B)=\dfrac{1}{6}$를 대입해 계산하면 $P(B)$를 구할 수 있어.

$$P(A\cap B)=P(A)\times P(B)$$

$$\frac{1}{6}=\frac{5}{12}\times P(B)$$

$$P(B)=\frac{1}{6}\times\frac{12}{5}=\frac{2}{5}$$

단어의 뉘앙스 때문인지 독립과 배반 사건을 헷갈려 하던데, 이 둘은 아무런 관계가 없어.

(ⅰ) 독립 사건
두 사건 A, B가 독립이면, $P(A\cap B)=P(A)\times P(B)$로 계산하면 돼.

(ⅱ) 배반 사건
두 사건 A, B가 배반이면, 서로 교집합이 없다는 뜻이야. $P(A\cap B)=0$으로 계산하자.

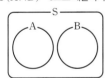

정답 ③

기출유형

02

두 사건 A, B에 대하여

$$\mathrm{P}(B) = \frac{1}{3}, \ \mathrm{P}(A \mid B) = \frac{2}{5}$$

일 때, $\mathrm{P}(A \cap B)$의 값은? [3점]

① $\dfrac{1}{3}$ ② $\dfrac{4}{15}$ ③ $\dfrac{1}{5}$ ④ $\dfrac{2}{15}$ ⑤ $\dfrac{1}{15}$

굉장히 간단한 계산 문제야.

주어진 조건부 확률 $\mathrm{P}(A \mid B)$만 이용해 풀어 나갈 거야. 아까 앞 문제에서도 독립 사건의 의미를 알 필요가 없었잖아. 이번 문제도 조건부 확률만 계산할 수 있으면 돼.

조건부 확률은 $\mathrm{P}(A \mid B) = \dfrac{\mathrm{P}(A \cap B)}{\mathrm{P}(B)}$ 로 계산한다는 것! 알아 두어야 해.

외우는 요령은 기호 | 뒤 사건의 확률이 분모의 값이 되고 두 사건의 교집합의 확률이 분자의 값이 된다고 생각하면 쉬워.

이 식에 문제의 조건 $\mathrm{P}(B) = \dfrac{1}{3}$, $\mathrm{P}(A \mid B) = \dfrac{2}{5}$ 을 대입해 봐.

$\mathrm{P}(A \cap B)$를 구할 수 있을 거야.

$$\mathrm{P}(A \mid B) = \frac{\mathrm{P}(A \cap B)}{\mathrm{P}(B)}$$

$$\frac{2}{5} = \frac{\mathrm{P}(A \cap B)}{\frac{1}{3}}$$

$$\mathrm{P}(A \cap B) = \frac{2}{5} \times \frac{1}{3} = \frac{2}{15}$$

 정답 ④

만약 당신이 그것을 꿈꾼다면
당신은 그것을 할 수 있다.

- 월트 디즈니

읽기만
해도
2등급

04 명제의 집합 포함 관계

명제 $p \Rightarrow q$는 $P \subset Q$ 부분집합 관계로 풀어라!

교육과정 개정으로, 2017학년도 수능부터 시험 범위에 추가된 '명제'에 대한 유형이야. 지금까지 평가원에서 고3을 대상으로 출제한 문제 유형이 많지 않아서 아직 몇 점짜리로 출제될지 예측하기 어려워.

하지만 개정 후 실시된 모의고사를 보면, 2점이나 쉬운 3점짜리 문제가 나오는 초반부에 출제되고 있어. 매번 명제 $p \Rightarrow q$이면 $P \subset Q$라는 관계가 성립함을 이용하는 문제로 말이야.

그러니 명제에 대해 더 공부가 필요하다고 느낀다면, 교과서 기본 문제 정도만 풀어도 충분해. 괜히 어려운 문제집 붙들고 시간 낭비하지 말고!

새롭게 추가된 집합, 합성함수와 역함수 그리고 유리함수와 무리함수도 마찬가지 방법으로 공부하도록.

기출유형

01

실수 x에 대한 두 조건

$$p : |x-2| < 3,$$
$$q : |x| < a$$

에 대하여 q가 p이기 위한 필요조건이 되도록 하는 자연수 a의 최솟값은? [3점]

① 1   ② 2   ③ 3   ④ 4   ⑤ 5

조건 p, q에 대하여 q가 p이기 위한 필요조건이라 했지? 이것은 참인 명제 'p이면 q이다.'를 나타내는 말이야. 기호로는 $p \Rightarrow q$로 써. 자, 여기서 꼭 알아야 할 것이 있어. 바로 명제 $p \Rightarrow q$에서, 조건 p를 만족하는 집합 P는 조건 q를 만족하는 집합 Q에 부분집합으로 포함되어야 한다는 거야.

간단히 명제 $p \Rightarrow q$이면, $P \subset Q$인 관계가 성립한다고 외우면 돼. 화살표의 방향으로 구분해서 기억하면 좋아. 이제 답을 구해 볼게.

우선 조건 $q : |x| < a$ 부등식의 절댓값을 풀자.

$$|x| < a$$

$$-a < x < a$$

즉, 조건 $q : -a < x < a$임을 알 수 있어.

이번에는 조건 $p : |x-2| < 3$도 부등식을 풀어 정리해 볼까?

참인 명제 'p이면 q이다'($p \Rightarrow q$)에서 p와 q는 다음과 같아.
i) p는 q이기 위한 충분조건
ii) q는 p이기 위한 필요조건

유치해도 이걸 쉽게 암기하는 방법! $p \Rightarrow q$에서 총을 쏘는 p가 충분조건, 총을 맞고 피를 흘리는 q가 필요조건!

$$|x-2|<3$$

$$-3<x-2<3$$

$$-1<x<5$$

이렇게 조건 p : $-1<x<5$로 간단히 정리했어.

이제 명제 $p \Rightarrow q$이면 $P \subset Q$라는 부분집합의 관계를 이용해 자연수 a를 구할 차례야. 두 조건 모두 부등식으로 표현돼 있으니 수직선에 각각 범위를 그려서 생각하면 편해. 조건 p를 만족하는 집합 P가 조건 q를 만족하는 집합 Q에 부분집합으로 포함돼야 하니까, 다음과 같은 상황이어야 해.

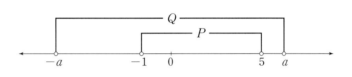

$P=\{x|-1<x<5\}$가 $Q=\{x|-a<x<a\}$에 부분집합으로 포함되려면, 왼쪽에서는 $-a$가 -1보다 더 작거나 같으면 돼. 참! 여기서 $-a$가 -1과 같아도 될지 많이들 헷갈려 하더라. 부분집합은 두 집합이 서로 같은 것까지도 되잖아? 만약 $-a$가 -1로 서로 같아도 부분집합 관계가 성립돼. 오른쪽에서는 a가 5보다 더 크거나 같아야 하고. 정리하면 아래와 같아.

$$-a\leq-1, \ a\geq5$$

자연수 a가 두 부등식만 성립시키면 돼. $-a\leq-1$은 양변에 $-$을 곱해 $a\geq1$로 간단히 정리하자. 이제 이 두 부등식 $a\geq1$, $a\geq5$을 동시에 만족시키는 범위를 수직선에 그려서 찾으면 $a\geq5$임을 알 수 있어.

따라서 문제에서 묻는 자연수 a의 최솟값은 5야.

기출유형

02

자연수 a에 대한 조건

　　'모든 양의 실수 x에 대하여 $x-2a+5 \geq 0$이다.'

가 참인 명제가 되도록 하는 a의 개수는? [3점]

① 1　　　　② 2　　　　③ 3　　　　④ 4　　　　⑤ 5

이 문제도 'p이면 q이다.' $(p \Rightarrow q)$를 기억하고 바라보면 쉽게 풀 수 있어.

문제의 조건 '모든 양의 실수 x'는 조건 $p : x > 0$

'$x-2a+5 \geq 0$'는 조건 $q : x-2a+5 \geq 0$로 두자.

그러면 주어진 명제는 '$p : x > 0$이면 $q : x-2a+5 \geq 0$이다.'로 나타낼 수

있어. 여기서 명제 $p \Rightarrow q$이면, $P \subset Q$인 부분집합의 관계가 성립한다는 것

을 이용하면 돼!

조건 $q : x-2a+5 \geq 0$는 x만 남게 이항해 정리하자. $q : x \geq 2a-5$가

되지? 이게 조건 $p : x > 0$를 부분집합으로 포함해야 돼. $P \subset Q$ 관계에 맞

게 수직선을 그리자.

$$P = \{x \mid x > 0\}, \quad Q = \{x \mid x \geq 2a-5\}$$

수직선에서 보이듯이 $P \subset Q$이려면 $2a-5$가 0보다 작아야 하는 건 확실한데, $2a-5$가 0일 때는 어떨까?

헷갈리면 $2a-5=0$일 때도 수직선에 한번 나타내 보는 거야.

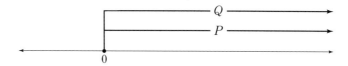

위 그림처럼 $2a-5=0$이면, 조건 $q : x \geq 2a-5$는 $q : x \geq 0$으로 $x=0$과 $x>0$를 모두 포함해. 그러면 조건 $p : x>0$도 포함되어 $P \subset Q$를 만족시키니 가능해.

그러니까 $2a-5$는 0보다 작거나 같아야 하는 거지. 이 조건으로 a를 끌어낼 수 있겠지?

$$2a-5 \leq 0$$
$$2a \leq 5$$
$$a \leq \frac{5}{2}$$

$\frac{5}{2}$보다 작거나 같은 자연수 a는 1, 2로 총 2개라는 것을 알 수 있어.

 정답 ②

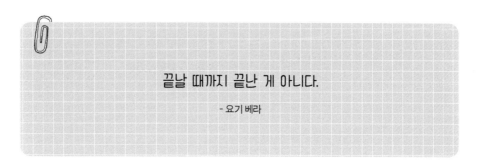

끝날 때까지 끝난 게 아니다.

- 요기 베라

읽기만
해도
2등급

05 경우의 수, 확률을 이용한 빈칸 채우기

모든 걸 이해하려고 하지 마라!
빈칸의 앞, 뒤 먼저 보고 풀어라!

4점짜리 후반부에 출제되는 좀 까다로운 유형이야. 참고로 교육과정 개정 후, 이 유형에 출제되는 문제의 소재가 달라졌어. 전에는 수열의 귀납적 정의, 수학적 귀납법에서 나왔는데 최근에는 경우의 수, 확률을 이용해 문제가 출제되고 있어. 굉장히 중요한 변화야. 수열과 관련된 빈칸 채우기 문제는 더 이상 나오지 않을 가능성이 높으니까. 그러니 기출문제를 풀더라도 개정 전에 수열에서 출제되었던 문제들을 풀면서 괜히 스트레스 받지 않았으면 해.

이 유형을 풀 때는 문제에서 예로 제시하고 있는 모든 풀이 과정을 이해할 필요가 전혀 없어. 대신 풀이 과정이 시작되기 전 문제에 나오는 문장들은 꼼꼼히 읽으며 구하려는 확률, 경우의 수가 뭔지 파악하는 데 집중해야 해! 그다음은 칸이 뚫려 있는 앞, 뒤를 보고 빈칸이 어떻게 계산되었는지 거꾸로 생각해 보는 게 핵심이야.

이 유형을 풀 때 제일 바보 같은 짓은 문제에서 이미 계산해 준 풀이의 식을 보며 '왜 이런 걸까?' 하고 쓸데없이 상념에 빠지는 거야.

기출유형

01

좌표 평면 위의 한 점 $(x,\ y)$에서 세 점 $(x+1,\ y)$, $(x,\ y+1)$, $(x+1,\ y+1)$ 중 한 점으로 이동하는 것을 점프라 하자.

점프를 반복하여 점 $(0,\ 0)$에서 점 $(3,\ 3)$까지 이동하는 모든 경우 중에서, 임의로 한 경우를 선택할 때 나오는 점프의 횟수를 X라 하자. 다음은 확률변수 X의 평균 $\mathrm{E}(X)$를 구하는 과정이다. (단, 각 경우가 선택되는 확률은 동일하다.)

점프를 반복하여 점 $(0,\ 0)$에서 점 $(3,\ 3)$까지 이동하는 모든 경우의 수를 N이라 하자. 확률변수 X가 가질 수 있는 값 중 가장 작은 값을 k라 하면 $k=\boxed{\ \text{(가)}\ }$이고, 가장 큰 값은 $k+3$이다.

$$\mathrm{P}(X=k)=\frac{1}{N}\times 1=\frac{1}{N}$$

$$\mathrm{P}(X=k+1)=\frac{1}{N}\times \frac{4!}{2!}=\frac{12}{N}$$

$$\mathrm{P}(X=k+2)=\frac{1}{N}\times \boxed{\ \text{(나)}\ }$$

$$\mathrm{P}(X=k+3)=\frac{1}{N}\times \frac{6!}{3!3!}=\frac{20}{N}$$

이고

$$\sum_{i=k}^{k+3}\mathrm{P}(X=i)=1$$

이므로 $N=\boxed{\ \text{(다)}\ }$이다.

따라서 확률변수 X의 평균 $\mathrm{E}(X)$는 다음과 같다.

$$\mathrm{E}(X)=\sum_{i=k}^{k+3}\{i\times \mathrm{P}(X=i)\}=\frac{107}{21}$$

위의 (가), (나), (다)에 알맞은 수를 각각 a, b, c라 할 때, $a+b+c$의 값은? [4점]

① 90　　　② 93　　　③ 96　　　④ 99　　　⑤ 102

문제가 정말 어마어마하게 길다. 하지만 겁먹을 거 없어. 천천히 읽으면서 어떤 확률 혹은 어떤 경우의 수를 구하는 과정인지 체크하면 돼.

우선 점 (x, y)에서 $(x+1, y)$ 또는 $(x, y+1)$ 또는 $(x+1, y+1)$ 중 한 점으로 이동하는 것을 '점프'라고 하지? 좌표 평면에 나타내 볼까?

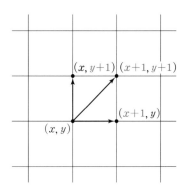

점 (x, y)에서 x축으로 1만큼 오른쪽으로 이동하거나, y축으로 1만큼 위쪽으로 올라가거나 아니면 x축과 y축으로 함께 1만큼 대각선으로 이동함을 알 수 있어.

그런데 점프를 반복해서 점 $(0, 0)$에서 $(3, 3)$까지 이동할 때 점프한 횟수를 확률변수 X라고 한대. 확률변수는 무엇에 대한 확률을 구하는지 알려 주잖아. 그래서 확률변수가 뭔지 파악하는 것은 확률이나 통계 문제를 풀 때 핵심 포인트야. 여기에서는 점프한 횟수가 확률변수 X. 이 문제 속에서 제시하는 풀이는 그 확률변수 X의 평균을 구하는 과정이야.

첫 빈칸이 등장하는 $k = \boxed{\text{(가)}}$ 는 확률변수 X가 가질 수 있는 가장 작은 값이라고 해. 확률변수 X는 점 $(0, 0)$에서 $(3, 3)$까지 이동할 때 점프 한 횟수. 그러니 그 횟수의 최솟값을 찾아 주면 돼.

이동한 횟수가 적으려면 당연히 오른쪽으로도 위쪽으로도 한 번에 이동하는 대각선 방향으로 많이 움직여야겠지? 그래서 다음의 좌표 평면에서처럼 대각선으로 3번 움직였을 때가 가장 이동 횟수가 적다는 것을 알 수 있어.

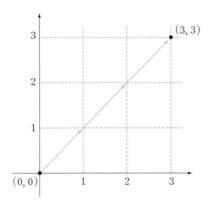

즉, 빈칸 (가) 에 들어갈 확률변수의 최솟값 k는 3이야.

다음 빈칸은 $\mathrm{P}(X=k+2)=\dfrac{1}{N}\times$ (나) 에 있어. 방금 구한 $k=3$을 대입하자.

$$\mathrm{P}(X=5)=\dfrac{1}{N}\times\ \boxed{\text{(나)}}$$

$\mathrm{P}(X=5)$는 확률변수 X가 5일 때의 확률을 의미해.

문제 속의 풀이를 보면 'N은 점프를 반복해 점 $(0,\ 0)$에서 $(3,\ 3)$까지 이동하는 모든 경우의 수'라고 주어져 있잖아. 확률은 어떤 사건이 일어날 경우의 수를 전체 경우의 수로 나누어 계산하지?

그러니 확률 $P(X=5)=\dfrac{1}{N}\times$ (나) 는 확률변수 X가 5일 때의 경우의 수 (나) 를 전체 경우의 수 N으로 나누는 식이라는 걸 알 수 있어.

그러므로 (나) 는 확률변수 X가 5일 때의 경우의 수야. 이 문제에서 확률변수는 이동 횟수를 의미하니까 점 $(0,\ 0)$에서 $(3,\ 3)$까지 5번에 이동하는 경우의 수를 구하면 돼. 다시 좌표 평면에서 생각해 보자.

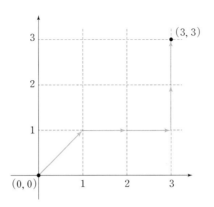

$\nearrow \to \to \uparrow \uparrow$ 이렇게 대각선으로 1번, 오른쪽 2번, 위쪽 2번으로 움직이면 점 $(0,\ 0)$에서 $(3,\ 3)$로 총 5번에 걸쳐 이동할 수 있어. 그리고 이 5번의 움직임은 순서에 따라 여러 경우가 가능해. 예를 들면, 다음과 같이 $\to \uparrow \to \nearrow \uparrow$ 또는 $\nearrow \uparrow \to \uparrow \to$ 처럼 말이야.

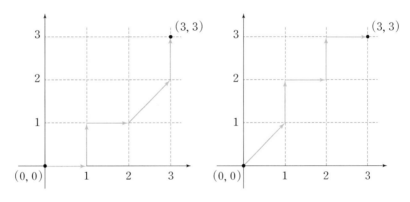

즉, $\nearrow \to \to \uparrow \uparrow$을 어떤 순서로 나열하느냐에 따라 다양한 경우의 수가 존재하는 거지. 그러면 $\nearrow \to \to \uparrow \uparrow$을 나열하는 경우의 수를 계산하면 될 텐데, 이처럼 $\to$ 2개 $\uparrow$ 2개 같은 것을 포함하여 나열하는 경우의 수는 일반 순열이 아닌 <u>같은 것을 포함한 순열</u>을 이용해야 돼.

$\nearrow \to \to \uparrow \uparrow$ 5개 중에서 같은 것 $\to$ 2개, $\uparrow$ 2개를 포함하여 이들 5개를 나열하는 경우의 수는 $\dfrac{5!}{2!2!} = \dfrac{5 \times 4 \times 3 \times 2 \times 1}{2 \times 1 \times 2 \times 1} = 30$이야.

서로 다른 n개에서 r개를 택해 나열하는 것을 순열($_nP_r$)이라 하고 계산은 n부터 1씩 줄여가며 r개를 곱해 주면 돼.

$$_nP_r = \underbrace{n \times (n-1) \times (n-2) \times \cdots \times (n-r+1)}_{r개}$$

n개 중에서 같은 것이 각각 p개, q개, $\cdots$ r개씩 포함할 때, 이들을 모두 나열하는 순열의 계산은 $\dfrac{n!}{p!q!\cdots r!}$으로 해.

따라서 확률변수 X가 5일 때의 확률 $\mathrm{P}(X=5)=\dfrac{1}{N}\times 30$으로 빈칸

(나) 에 들어갈 수는 30이야.

마지막으로 빈칸 (다) 는 N의 값으로 점 $(0,\ 0)$에서 $(3,\ 3)$까지 이동하는 모든 경우의 수야. 이 N을 구하는 단서가 빈칸 주위에 분명 있을 거야.

여기서 그 단서는 바로 윗줄의 식 $\displaystyle\sum_{i=k}^{k+3}\mathrm{P}(X=i)=1$이야.

구해 놓은 $k=3$을 대입하자.

$$\sum_{i=3}^{6}\mathrm{P}(X=i)=1$$

이걸 풀어 말하면 $i=3$부터 6까지 차례대로 $\mathrm{P}(X=i)$에 대입해 다 더한 $\mathrm{P}(X=3)+\mathrm{P}(X=4)+\mathrm{P}(X=5)+\mathrm{P}(X=6)$이 1이라는 뜻이야. 즉, 확률변수의 최솟값 $X=3$부터 최댓값 $X=6$까지의 확률을 모두 더한 값은 전체 확률 1이라는 것을 알려 주고 있지.

그렇다면 방금 구한 $\mathrm{P}(X=5)=\dfrac{1}{N}\times 30$을 포함해 문제에 주어진 각각 확률변수 X의 확률을 모두 더한 값이 1이라 놓고 풀 수 있겠지?

$$\mathrm{P}(X=3)=\dfrac{1}{N},\ \mathrm{P}(X=4)=\dfrac{12}{N},\ \mathrm{P}(X=5)=\dfrac{30}{N},$$

$$\mathrm{P}(X=6)=\dfrac{20}{N}$$

$$\dfrac{1}{N}+\dfrac{12}{N}+\dfrac{30}{N}+\dfrac{20}{N}=1$$

$$\dfrac{1+12+30+20}{N}=\dfrac{63}{N}=1$$

즉, $N=63$으로 빈칸 (다) 에 들어갈 수는 63이야. 답을 구하는 데 필요

한 빈칸은 모두 찾았어. 문제에는 아직 확률변수 X의 평균 $\mathrm{E}(X)$을 구하는 과정이 남아 있지만, 답을 구하는 데 전혀 필요하지 않으므로 더 살펴볼 거 없어.

이제 구한 값들을 통해 답을 찾을 차례야.

$$k = \boxed{\text{(가)}} = 3$$

$$\mathrm{P}(X=5) = \frac{1}{N} \times \boxed{\text{(나)}} = \frac{1}{N} \times 30$$

$$N = \boxed{\text{(다)}} = 63$$

(가)에 알맞은 수는 $a=3$, (나)에 알맞은 수는 $b=30$, (다)에 알맞은 수는 $c=63$이므로,

$$a+b+c=96$$

 정답 ③

기출유형

02

1부터 n까지의 자연수가 하나씩 적혀 있는 n장의 카드가 있다. 이 카드 중에서 임의로 서로 다른 3장의 카드를 선택할 때, 선택한 카드 3장에 적힌 수 중 가장 큰 수를 확률변수 X라 하자. 다음은 $\mathrm{E}(X)$를 구하는 과정이다. (단, $n \geq 3$)

자연수 k $(3 \leq k \leq n)$에 대하여 확률변수 X의 값이 k일 확률은 1부터 $k-1$까지의 자연수가 적혀 있는 카드 중에서 서로 다른 2장의 카드와 k가 적혀 있는 카드를 선택하는 경우의 수를 전체 경우의 수로 나누는 것이므로

$$\mathrm{P}(X=k)=\frac{\boxed{\text{(가)}}}{{}_n\mathrm{C}_3}$$

이다. 자연수 r $(1 \leq r \leq k)$에 대하여

$$_{k-1}\mathrm{C}_{r-1}=\frac{r}{k} \times {}_k\mathrm{C}_r$$

이므로

$$k \times \boxed{\text{(가)}}=3 \times \boxed{\text{(나)}}$$

이다. 그러므로

$$\mathrm{E}(X)=\sum_{k=3}^{n}\{k \times \mathrm{P}(X=k)\}$$

$$=\frac{1}{{}_n\mathrm{C}_3}\sum_{k=3}^{n}(k \times \boxed{\text{(가)}})$$

$$=\frac{3}{{}_n\mathrm{C}_3}\sum_{k=3}^{n}\boxed{\text{(나)}}$$

이다.

$$\sum_{k=3}^{n}\boxed{\text{(나)}}={}_{n+1}\mathrm{C}_4$$

이므로

$$\mathrm{E}(X)=\frac{\boxed{\text{(다)}}}{4}$$

이다.

위의 (가), (나), (다)에 알맞은 식을 각각 $f(k)$, $g(k)$, $h(n)$이라 할 때, $\dfrac{g(6) \times h(2)}{f(5)}$의 값은? [4점]

① 15　　　② 20　　　③ 25　　　④ 30　　　⑤ 35

우선 문제를 읽으며 무엇을 구하는 과정인지부터 확인하자.

1부터 n까지 자연수가 적혀 있는 n장의 카드가 있는데, 임의로 서로 다른 3장의 카드를 선택한다고 하지? 그 선택한 3장의 카드에 적힌 수 중 가장 큰 수를 확률변수 X라 한대. 펜으로 표시해 놓고. 앞에서도 얘기했듯이, 확률변수가 뭔지 꼭 기억하면서 문제를 풀자. 문제 속 풀이는 그 확률변수 X의 평균을 구하는 과정이라고 해.

첫 빈칸을 봐! $\mathrm{P}(X=k) = \dfrac{\boxed{(가)}}{{}_n\mathrm{C}_3}$로 확률변수 X가 k일 때의 확률인데 k가 뭔지도 아직 모르잖아. 그러니 바로 앞에 설명을 읽으면서 k가 뭔지, 또 확률 $\mathrm{P}(X=k)$를 어떻게 구했는지 파악해야 해.

확률변수 X(선택한 3장의 카드에 적힌 수 중 가장 큰 수)가 k일 확률 $\mathrm{P}(X=k)$는 선택한 3장 중에 k가 포함되고, k보다 작은 1부터 $k-1$까지 수가 적힌 2장이 뽑혔을 때라는 거야.

그래서 확률 $\mathrm{P}(X=k)$는 $X=k$일 때의 경우의 수를 전체 경우의 수(서로 다른 n장의 카드에서 3장을 선택하는 조합 $= {}_n\mathrm{C}_3$)로 나눈 거지.

$$\mathrm{P}(X=k) = \frac{\boxed{(가)}}{{}_n\mathrm{C}_3}$$

그러므로 $\boxed{(가)}$ 는 확률변수 X가 k일 때의 경우의 수라는 것을 알 수 있어. 이는 k가 적힌 카드는 무조건 선택하고, 나머지는 1부터 $k-1$까지 총 $k-1$ 장 중에서 서로 다른 2장의 카드를 선택하는 경우의 수이니 $_{k-1}C_2$야.

즉, 빈칸 $\boxed{(가)}$ 에 알맞은 식은 $_{k-1}C_2$임을 알 수 있어.

그런데 다음 빈칸은 $k \times \boxed{(가)} = 3 \times \boxed{(나)}$ 로 좀 뜬금없지? 방금 구한 $_{k-1}C_2$를 $\boxed{(가)}$ 에 아래처럼 대입해도 알쏭달쏭할 거야.

$$k \times {}_{k-1}C_2 = 3 \times \boxed{(나)}$$

아직은 잘 모르겠으니 바로 앞의 내용을 확인해 보는 거야. 그 윗줄의 식을 봐.

$$_{k-1}C_{r-1} = \frac{r}{k} \times {}_kC_r$$

이런 식이 있지? 여기서 두 식이 뭔가 닮았다는 것을 눈치챌 수 있어야 돼.

자, '두 식에 존재하는 $_{k-1}C_2$와 $_{k-1}C_{r-1}$을 비슷하게 맞춰 줄 수 없을까?'라는 생각이 드니? $_{k-1}C_{r-1} = \frac{r}{k} \times {}_kC_r$의 r 자리에 3을 대입해 보자.

$$_{k-1}C_2 = \frac{3}{k} \times {}_kC_3$$

여기에 양변에 k를 곱해 정리하면 다음과 같아.

$$k \times {}_{k-1}C_2 = 3 \times {}_kC_3$$

이걸 빈칸 $\boxed{(나)}$ 가 포함된 식 $k \times {}_{k-1}C_2 = 3 \times \boxed{(나)}$ 와 비교해 봐. 빈칸 $\boxed{(나)}$ 는 $_kC_3$이라는 것을 알겠지?

이제 마지막 빈칸 (다) 를 보자.

$$E(X) = \frac{\boxed{(\text{다})}}{4}$$

어떻게 계산된 건지 또 잘 모르겠으니 바로 앞의 식에서 단서를 찾아볼까?

$$\sum_{k=3}^{n} \boxed{(\text{나})} = {}_{n+1}C_4$$

아… 근데 이것도 크게 도움이 안 되지? 그럼 다시 그 앞의 식을 더 보는 거야.

$$E(X) = \sum_{k=5}^{n} \{k \times P(X=k)\} = \frac{1}{{}_nC_3} \sum_{k=3}^{n} \{k \times \boxed{(\text{가})}\}$$
$$= \frac{3}{{}_nC_3} \boxed{(\text{나})}$$

보아하니 이 식은 확률변수 X의 평균 $E(X)$를 구하는 계산 같은데, 자세히 이해할 필요는 없어. 우리가 집중할 것은 이 식 중에 마지막 부분이야. 아래에 있는 바로 이 식!

$$E(X) = \frac{3}{{}_nC_3} \sum_{k=3}^{n} \boxed{(\text{나})}$$

이게 문제에서 빈칸 $E(X) = \dfrac{\boxed{(\text{다})}}{4}$ 위에 있는 식 $\sum_{k=3}^{n} \boxed{(\text{나})} = {}_{n+1}C_4$과

같은 부분 $\underline{\sum_{k=3}^{n} \boxed{(\text{나})}}$ 이 존재하잖아.

따라서, 이를 아래처럼 $E(X)$를 구하는 계산에 대입해 이용할 수 있어.

$$E(X) = \frac{3}{{}_nC_3} \underline{\sum_{k=3}^{n} \boxed{(\text{나})}} = \frac{3}{{}_nC_3} \times {}_{n+1}C_4$$

이 식의 ${}_nC_3$과 ${}_{n+1}C_4$는 계산해서 정리하자.

$$E(X) = \frac{3}{{}_n C_3} \times {}_{n+1} C_4$$

$$= \frac{3}{\dfrac{n(n-1)(n-2)}{3 \times 2 \times 1}} \times \frac{(n+1)n(n-1)(n-2)}{4 \times 3 \times 2 \times 1}$$

$$= \frac{3 \times (n+1)n(n-1)(n-2)}{\dfrac{n(n-1)(n-2)}{3 \times 2 \times 1} \times 4 \times 3 \times 2 \times 1} = \frac{3 \times (n+1)}{4}$$

즉, $E(X) = \dfrac{3 \times (n+1)}{4} = \dfrac{\boxed{(다)}}{4}$ 이야.

빈칸 $\boxed{(다)}$ 는 $3 \times (n+1)$ 임을 알아냈어.

빈칸을 모두 채웠으니 이제 답을 구할 수 있겠지?

문제에서 (가), (나), (다)에 알맞은 식을 각각 $f(k)$, $g(k)$, $h(n)$ 이라 했잖아.

$$f(k) = \boxed{(가)} = {}_{k-1} C_2$$

$$g(k) = \boxed{(나)} = {}_k C_3$$

$$h(n) = \boxed{(다)} = 3 \times (n+1)$$

$f(5)$ 는 $f(k)$ 의 k에 5를 대입, $g(6)$ 은 $g(k)$ 의 k에 6을 넣고, $h(2)$ 는 $h(n)$ 의 n에 2를 대입해 계산하면 다음과 같아.

$$f(5) = {}_{5-1} C_2 = {}_4 C_2 = \frac{4 \times 3}{2 \times 1} = 6$$

$$g(6) = {}_6 C_3 = \frac{6 \times 5 \times 4}{3 \times 2 \times 1} = 20$$

$$h(2) = 3 \times (2+1) = 3 \times 3 = 9$$

따라서, 우리가 문제에서 구하려고 하는 답은?

$$\frac{g(6) \times h(2)}{f(5)} = \frac{20 \times 9}{6} = 30$$

 정답 ④

한때는 불가능하다고 생각한 것이
결국에는 가능한 것이 된다.

- K. 오브라이언

읽기만
해도
2등급

06 중복조합

부정방정식의 해의 개수는 중복조합 $_n\mathrm{H}_r$로 구하라!

4점짜리 문제로 매년 출제되는 유형이야. 중복조합 $_n\mathrm{H}_r$을 이해하고 쓸 수 있어야 해.
중복조합 $_n\mathrm{H}_r$은 서로 다른 n개의 종류에서 중복을 허락하여 r개를 택하는 경우의 수를 나타내. $_n\mathrm{H}_r$은 조합 $_n\mathrm{C}_r$을 이용해 $_n\mathrm{H}_r = {}_{n+r-1}\mathrm{C}_r$로 계산해.

이 유형은 $a+b+c=5$와 같이 미지수는 여러 개인데 식은 하나만 주어지는 부정방정식의 음이 아닌 정수 해의 개수를 구하는 문제로 출제되고 있어. 예를 들면 부정방정식 $a+b+c=5$의 음이 아닌 정수 해는 3종류$(a,\ b,\ c)$ 중에서 중복을 허락하여 5개를 택하는 경우의 수와 같거든. 부정방정식의 해의 개수는 중복조합으로 구한다는 것을 잊지 말길!

기출유형

01

다음 조건을 만족시키는 음이 아닌 정수 a, b, c, d, e의 모든 순서쌍 (a, b, c, d, e)의 개수는? [4점]

(가) a, b, c, d, e 중에서 0의 개수는 2이다.

(나) $a+b+c+d+e=8$

---

① 210　　② 260　　③ 310　　④ 360　　⑤ 410

조건 (가), (나)를 만족시키는 음이 아닌 정수 a, b, c, d, e의 순서쌍의 개수를 찾으래. 자, 우선 조건 (가)에서 a, b, c, d, e 중에서 값이 0인 것이 2개 있다고 했지? 예를 들어 a, b가 0, 또는 c, e가 0인 경우 등 다양한 경우의 조합이 존재해. 그러니 서로 다른 5개 정수 a, b, c, d, e 중에서 0이 되는 2개를 택해 주는 조합 $_5C_2$를 이용해 모든 경우의 수를 세면 되겠지? 계산하면 $_5C_2 = \dfrac{5 \times 4}{2 \times 1} = 10$으로 10가지야.

조건 (나)는 음이 아닌 정수 a, b, c, d, e가 부정방정식 $a+b+c+d+e$ $=8$의 해라는 것을 의미해. 그런데 조건 (가)에서 a, b, c, d, e 중 2개는 0의 값을 가지니까 예를 들어 a와 c가 0이라면 부정방정식 $b+d+e=8$을 만족시키는 해를 모두 찾아 주면 돼.

부정방정식의 해의 개수는 중복조합을 이용해야 한다고 앞에서 얘기했지? 예컨대 부정방정식 $a+b+c=5$의 음이 아닌 정수 해를 찾는다고 가정하자. 이건 a, b, c 3종류 중 중복을 허락해 5개를 택하는 경우의 수와 같아. 왜? a, a, b, c, c 이렇게 택하는 경우는 $a=2$, $b=1$, $c=2$인 해를 나타내고, a, a, a, c, c 이렇게 택하면 $a=3$, $b=0$, $c=2$인 해를 나타내니까. 즉, $a+b+c=5$의 음이 아닌 정수 해의 총 개수는 a, b, c 3종류에서 중복을 허락해 5개를 택하는 중복조합이므로 ${}_3H_5={}_{3+5-1}C_5={}_7C_5$ 가지야. 이렇게 부정방정식의 해의 개수는 중복조합 ${}_nH_r$을 이용해 구하면 돼!

참고로 해의 조건이 '음이 아닌 정수'인 이유는 a, b, c 중 어느 하나를 한 번도 택하지 않을 경우 나타나는 해 0의 값부터 양의 정수의 해를 가질 수 있기 때문이야.

다시 문제로 돌아오자. 이 문제에서는 주의할 게 있어! 음이 아닌 정수 b, d, e에 대해 $b+d+e=8$의 해에는 b 또는 d 또는 e가 0인 경우도 포함된다는 거야. 예를 들어 $b=5$, $d=0$, $e=3$ 같은 해 말이야.

그런데 문제에서 조건 (가)를 보면 a, b, c, d, e 중 0은 2개만 될 수 있어. 우리는 a와 c만 0이라고 가정해 풀고 있으니까 b, d, e는 0이 되면 안 돼. 즉, 서로 다른 3종류 b, d, e를 적어도 한 개씩 포함하고 중복해 총 8개를 택하는 경우와 같아. 이는 3종류 b, d, e를 그냥 한 번씩 택해 놓고, 이 3종류에서 나머지 5개만 더 중복조합으로 택하는 계산을 하면 되겠지? 따라서, 해의 총 개수는 중복조합 ${}_3H_5$이야.

서로 다른 7개 중에서 2개를 택하면 나머지 $7-2=5$개도 택해지는 것과 같지?
즉, 7개 중 2개를 택하는 경우의 수와 7개 중 5개를 택하는 경우의 수는 같은 거야.
따라서 서로 다른 n개 중에 r개를 택하는 경우의 수인 조합 ${}_nC_r$은 n개 중에 $n-r$개를 택하는 경우의수 ${}_nC_{n-r}$과 같아.
$({}_nC_r={}_nC_{n-r})$

계산은 조합을 이용해 ${}_3H_5={}_{3+5-1}C_5={}_7C_5$로 할 수 있어.

조합의 성질에 따라 ${}_7C_5={}_7C_{7-5}={}_7C_2=\dfrac{7\times6}{2\times1}=21$임을 알 수 있어.

종합하면 조건 (가)를 만족하는 10가지 각각에 대해 조건 (나)를 만족하는 경우는 21가지씩 가능하니 두 조건을 모두 만족시키는 모든 순서쌍의 개수는 $10\times21=210$가지야.

 정답 ①

기출유형

02

다음 조건을 만족시키는 음이 아닌 정수 a, b, c의 모든 순서쌍 (a, b, c)의 개수를 구하시오. [4점]

(가) $a+b+c=4$
(나) $2^a \times 4^c$은 8의 배수이다.

이 문제 역시 두 가지 조건 (가), (나)를 만족시키는 음이 아닌 정수 a, b, c의 모든 경우의 수를 물어보고 있어. 조건 (가) '$a+b+c=4$'는 부정방정식이지? 이건 바로 중복조합으로 조건을 만족하는 해의 개수를 찾아 줄 수 있어. 그런데 조건 (나) '$2^a \times 4^c$은 8의 배수이다.'가 좀 까다롭게 느껴지지 않아? 이걸 좀 파악해 보자. 일단 밑을 2로 맞춰 정리해 보자.

$$2^a \times 4^c = 2^a \times (2^2)^c = 2^a \times 2^{2c} = 2^{a+2c}$$

이제 2^{a+2c}가 8의 배수라는 말에 감이 잡히니? 8은 2^3으로 2^{a+2c}가 8의 배수가 되려면 $8 = 2^3$, $16 = 2^4$, $32 = 2^5$, $64 = 2^6$와 같이 2^{a+2c}의 지수 $a+2c$가 3보다 크거나 같아야 돼. 그러면 조건 (나)는 $a+2c \geq 3$로 바꿀 수 있지?

이제 이 두 가지 조건을 동시에 만족하는 음이 아닌 정수 a, b, c를 구해 볼게. 조건 (나) '$a+2c \geq 3$'와 같은 부등식을 만족시키는 경우의 수를 찾을 때는 계수가 더 큰 정수 c를 고정하고 나머지 정수 a의 조건을 찾는 게 좋아.

첫 번째로 c가 음이 아닌 정수 $c=0$이라면 $a\geq3$로 3, 4, 5, 6 … 처럼 a가 적어도 3보다 크거나 같은 값이어야 해. 이걸 조건 (가)의 부정방정식 $a+b+c=4$에 적용해 보자.

$$c=0, \; a\geq3$$
$$a+b+c=4$$
$$a+b=4$$

$a+b=4$의 음이 아닌 정수 해 중에 $a\geq3$를 만족시키는 해를 구하면 돼. 부정방정식 $a+b=4$의 해의 개수는 서로 다른 2종류 a, b를 중복하여 4개를 택하는 경우의 수와 같아. 그런데 a는 3보다 크거나 같아야 하므로, a를 그냥 3번 먼저 택해 놓고, 2종류 a, b에서 나머지 1개만 더 중복하여 택하는 방식으로 계산하면 돼.

즉, ${}_2H_1={}_{2+1-1}C_1={}_2C_1=\dfrac{2\times1}{1}=2$. 이렇게 2개라는 걸 구했어.

두 번째로 조건 (나) '$a+2c\geq3$'에서 $c=1$일 때를 같은 방식으로 계산하자. $c=1$이면 $a\geq1$로 a는 적어도 1보다 크거나 같은 값을 가져야 돼. 이걸 (가)의 부정방정식에 적용하면?

$$c=1, \; a\geq1$$
$$a+b+c=4$$
$$a+b+1=4$$
$$a+b=3$$

이렇게 $a+b=3$의 음이 아닌 정수 해 중에 $a\geq1$ 해를 구하면 돼. a가 1보다 크거나 같아야 하므로, a를 먼저 1번 택해 놓고, a, b 2종류에서 나머지 2개만 더 중복하여 택하면 되겠지?

즉, $_2H_2 = {}_{2+2-1}C_2 = {}_3C_2 = \frac{3 \times 2}{2 \times 1} = 3$. 이렇게 3개라는 것도 알아냈어.

또, 세 번째로 조건 (나) '$a + 2c \geq 3$'에서 $c = 2$일 때야. 이때는 $a \geq -1$로 a는 문제의 조건인 음이 아닌 정수면 만족해. 이것도 조건 (가)의 부정방정식에 적용하자.

$$c = 2, \ a : 음이 \ 아닌 \ 정수$$
$$a + b + c = 4$$
$$a + b + 2 = 4$$
$$a + b = 2$$

결국 $a + b = 2$의 음이 아닌 정수 해를 구하면 되니까 이 부정방정식을 바로 중복조합으로 풀어 주자. $a, \ b$ 2종류에서 중복하여 2개 택하면 되겠지?

$_2H_2 = {}_{2+2-1}C_2 = {}_3C_2 = \frac{3 \times 2}{2 \times 1} = 3$개야.

네 번째로 조건 (나) '$a + 2c \geq 3$'에서 $c = 3$일 때는? $c = 3$이면 $a \geq -3$이지. 앞서 계산한 $c = 2$일 때와 마찬가지로 a는 문제의 조건인 음이 아닌 정수만 되면 만족해. 이를 조건 (가)의 부정방정식에 적용하자.

$$c = 3, \ a : 음이 \ 아닌 \ 정수$$
$$a + b + c = 4$$
$$a + b + 3 = 4$$
$$a + b = 1$$

여기서는 $a + b = 1$의 음이 아닌 정수 해를 구하면 돼. 서로 다른 2종류 $a,$ b에서 중복하여 1개 택해 주면 되므로 $_2H_1 = {}_{2+1-1}C_1 = {}_2C_1 = \frac{2 \times 1}{1} = 2$.

구하는 값은 2개야.

마지막으로 조건 (나) '$a+2c\geq3$'에서 $c=4$일 때야. $c=4$이면 $a\geq-5$로 역시 a는 문제의 조건인 음이 아닌 정수만 되면 만족해. 이를 조건 (가)의 부정방정식에 적용하자.

$$c=4, \ a : \text{음이 아닌 정수}$$
$$a+b+c=4$$
$$a+b+4=4$$
$$a+b=0$$

여기서는 $a+b=0$의 음이 아닌 정수 해를 구하면 돼. 사실 이건 $a=0$, $b=0$ 하나의 경우밖에 없겠지? 그래서 $c=4$일 때 해는 1개야.

다음으로 $c=5$일 때는 조건 (가)의 부정방정식이 어떻게 될까? 한번 넣어 봐.

$$c=5$$
$$a+b+c=4$$
$$a+b+5=4$$
$$a+b=-1$$

$a+b$ 값이 음의 값을 가져야 하니 음의 아닌 정수 해가 존재할 수 없겠지?

따라서, 문제의 조건을 만족시키는 음이 아닌 정수 a, b, c 순서쌍의 총 개수는 지금까지 구한 경우의 수를 모두 더한 $2+3+3+2+1=11$.

 정답 11

07 닮은 도형의 반복

첫 번째 도형의 넓이와 도형들
사이의 닮음비를 찾아라!

4점짜리로 출제되는 유형으로, 수능에 출제되는 문제 중 가장 긴 유형이야. 복잡한 그림이 반복해서 나타나서 까다롭게 느껴질 수 있어. 그런데 사실 이 유형은 공식 딱 하나만 가지고 푼다는 사실! 알고 있니?

문제에서 구해야 하는 것은 처음 도형에서 일정한 규칙으로 반복해서 무한히 만들어지는 작은 도형들의 넓이의 총합이거든.

그런데 일정한 규칙으로, 반복적으로 만들어지는 이 도형들은 생김새가 비슷한 닮은 도형들이야. 닮은 도형들은 각 변의 길이의 비율이 일정하기 때문에 넓이의 비율도 일정해. 즉, 이 도형들의 넓이는 비가 일정한 등비수열을 따르므로, 무한히 만들어지는 이 도형들의 넓이의 합은 등비수열을 무한히 더하는 등비급수를 이용하면 돼!

첫째 항이 a, 공비가 $r\,(-1<r<1)$인 등비수열을 무한히 더하는 등비급수의 공식은 $\dfrac{a}{1-r}$ 야. 이 유형에서 묻는 도형들의 넓이의 합은 무조건 수렴하는 등비급수이므로, 첫째 항인 첫 번째 넓이 a와 공비인 넓이의 비 r만을 구해서 공식에 대입만 하면 돼!

기출유형

01

그림과 같이 길이가 4인 선분 AB를 지름으로 하는 원 O가 있다. 원의 중심을 C라 하고, 선분 AC의 중점을 D라 하자. 선분 AC의 수직이등분선이 원 O의 위쪽 반원과 만나는 점을 E라 하자. 선분 DE를 한 변으로 하고 원 O와 점 A에서 만나며 선분 DF가 대각선인 정사각형 DEFG를 그린다. 원 O의 내부와 정사각형 DEFG의 내부의 공통부분인 ◺ 모양의 도형에 색칠하여 얻은 그림을 R_1이라 하자.

그림 R_1에서 점 F를 중심으로 하고 반지름의 길이가 $\dfrac{1}{2}\overline{DE}$인 원 O_1를 그린다. 원 O_1에 그림 R_1을 얻은 것과 같은 방법으로 만들어지는 ◺ 모양의 도형에 색칠하여 얻은 그림을 R_2라 하자.

이와 같은 과정을 계속하여 n번째 얻은 그림 R_n에 색칠되어 있는 부분의 넓이를 S_n이라 할 때, $\lim\limits_{n \to \infty} S_n$의 값은? [4점]

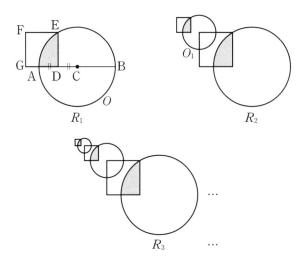

R_1 R_2

R_3 ...

① $\dfrac{8}{13}\left(\dfrac{1}{3}\pi - \dfrac{\sqrt{3}}{4}\right)$ ② $\dfrac{8}{15}\left(\dfrac{5}{4}\pi - \dfrac{\sqrt{3}}{3}\right)$ ③ $\dfrac{16}{13}\left(\dfrac{2}{3}\pi - \dfrac{\sqrt{3}}{2}\right)$

④ $\dfrac{16}{15}\left(\dfrac{4}{3}\pi - \sqrt{3}\right)$ ⑤ $\dfrac{16}{13}\left(\dfrac{4}{3}\pi - \sqrt{3}\right)$

문제가 길지? 도형도 있고! 괜찮아. 먼저 주어진 그림을 함께 비교하며 읽으면서 어떤 길이가 주어졌는지, 또 어떤 규칙으로 다음 도형들을 만드는지만 파악하면 쉽게 풀려.

먼저, 첫 번째 그림 R_1에서 원 O의 지름 $\overline{AB}$의 길이는 4이고, 반지름 $\overline{AC}$의 중점은 D야. 그림에서 선분 $\overline{AC}$의 중점 D와 $\overline{AD}$와 $\overline{CD}$의 길이가 같다는 ∥ 표시 보이지? 그리고 $\overline{AC}$의 중점 D에서 수직이등분선을 그려 원 O와 만나는 점을 E라고 한대. 거기서 선분 $\overline{DE}$를 한 변으로 하는 정사각형 DEFG를 그리고 있어.

이때 원 O의 내부와 정사각형 DEFG의 내부의 공통 부분인 ◿ 모양의 색칠한 도형을 문제의 그림에서 확인할 수 있지? 바로 이 도형이 우리가 구해야 할 첫 번째 도형으로, 이 도형의 넓이가 등비수열의 첫째 항 a야. 그럼 이제 이 첫 번째 도형의 넓이 a를 구해 볼게.

주어진 첫 번째 그림 R_1에서 색칠한 도형의 넓이를 구하기 위해서는 다음과 같이 원의 중심 C에서 점 E에 선분 $\overline{CE}$를 연결할 생각을 해야 돼.

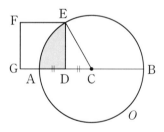

그러면 도형 ◿의 넓이는 원의 부채꼴 CEA에서 삼각형 CED를 빼면 되겠지? 부채꼴 CEA의 넓이를 구하기 위해서는 중심각의 크기를 알아야 하지만 아직 모르니 일단 알고 있는 길이부터 나타내자.

선분 $\overline{AC}$와 $\overline{CE}$는 원의 반지름으로 2이고, 점 D는 $\overline{AC}$의 중점이므로 $\overline{AD}=\overline{CD}=1$이야. 그리고 선분 $\overline{DE}$는 $\overline{AC}$의 수직이등분선이므로 $\overline{DE}$와

$\overline{AC}$는 서로 수직이야. 따라서, 삼각형 CED는 직각삼각형이니까 피타고라스 정리 $\overline{CE}^2 = \overline{CD}^2 + \overline{DE}^2$가 성립해. 이걸 이용해 선분 DE의 길이를 계산하면?

$$\overline{CE} = 2, \ \overline{CD} = 1$$
$$\overline{CE}^2 = \overline{CD}^2 + \overline{DE}^2$$
$$2^2 = 1^2 + \overline{DE}^2$$
$$\overline{DE}^2 = 2^2 - 1^2 = 3$$
$$\overline{DE} = \pm\sqrt{3}$$

$\overline{DE}$는 선분의 길이므로 양수 $\sqrt{3}$이야. 정리해서 그림에 다시 나타내면 다음과 같아.

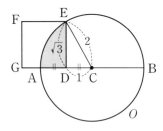

그런데 직각삼각형 CED의 길이를 보니 $2 : 1 : \sqrt{3}$ 비율이네? 이 직각삼각형이 특수각 60°, 30°에 대한 삼각비 $2 : 1 : \sqrt{3}$이 성립한다는 것을 알 수 있겠지? 따라서 각 $\angle ECD$는 60°야. 이제 부채꼴 CEA의 넓이를 구할 수 있겠지?

$$\text{반지름} : \overline{AC} = 2, \ \text{중심각} : \angle ECA = 60°$$

$$\text{부채꼴 CEA의 넓이} = \pi \times \text{반지름}^2 \times \frac{\text{중심각}}{360} = \pi \times 2^2 \times \frac{60}{360}$$

$$= \pi \times 4 \times \frac{1}{6} = \frac{2\pi}{3}$$

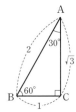

중3 때 배우는 개념이야. 다음과 같은 두 가지 특수한 각에 대해 직각삼각형은 일정한 길이의 비가 성립해.

i) 각의 크기가 60°, 30°인 직각 삼각형의 삼각비

빗변과 나머지 두 변의 길이의 비 $\overline{AB} : \overline{BC} : \overline{AC}$는 항상 $2 : 1 : \sqrt{3}$이 성립해. 외우는 요령은 30°인 꼭짓점과 맞닿은 변의 길이 비는 $\sqrt{3}$으로 기억하면 돼.

ii) 각의 크기가 45°, 45°인 직각 이등변 삼각형의 삼각비

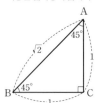

빗변과 나머지 두 변의 길이의 비 $\overline{AB} : \overline{AC} : \overline{BC}$는 항상 $\sqrt{2} : 1 : 1$이 성립해.

그리고 삼각형 CED의 넓이도 구하면,

$$\text{밑변}: \overline{CD}=1, \text{높이}: \overline{DE}=\sqrt{3}$$

$$\text{삼각형 CED의 넓이}=\frac{1}{2}\times\text{밑변}\times\text{높이}=\frac{1}{2}\times 1\times\sqrt{3}=\frac{\sqrt{3}}{2}$$

첫 번째 도형의 넓이 a는 부채꼴 CEA의 넓이에서 삼각형 CED의 넓이를 빼면 되지?

$$a=\frac{2\pi}{3}-\frac{\sqrt{3}}{2}$$

다음으로 일정한 규칙으로 만들어지는 닮은 도형들의 닮음비를 구해 보자.
문제를 더 읽어 봐. 첫 번째 그림 R_1에서 정사각형 위의 점 F를 중심으로 하여 반지름이 $\frac{1}{2}\overline{DE}$인 원 O_1을 그린다고 해. 그리고 그 원 O_1 안에 앞에서 한 것과 같은 방법으로 ◢ 모양의 도형을 만들어 색칠한 부분을 R_2라고 한대.
그러면 구하고자 하는 도형 ◢들의 닮음비를 구해야 하는데, 색칠된 도형 말고도 여러 닮은 도형들을 발견할 수 있을 거야. 원 O과 O_1도 닮은 도형이고, 원 O의 정사각형 DEFG과 원 O_1의 작은 정사각형도 닮아 있어.
근데 이 도형들을 모두 일정한 규칙으로 생겨서 같은 비율을 가지고 있기 때문에 어떤 닮은 도형들의 닮음비를 찾아도 어차피 같아. 그러니 우리는 당연히 구하기 쉬운 닮은 도형의 닮음비를 구하면 되는 거지. 만만한 원 O와 O_1으로 구할까? 닮음 도형 원 O와 O_1의 닮음비는 각각 반지름의 길이의 비야.

$$\text{원 } O\text{의 반지름}: 2$$

$$\text{원 } O_1\text{의 반지름}: \frac{1}{2}\overline{DE}=\frac{1}{2}\times\sqrt{3}=\frac{\sqrt{3}}{2}$$

$$\text{원 } O\text{과 } O_1\text{의 닮음비} \ 2:\frac{\sqrt{3}}{2}$$

따라서, ◿ 도형의 닮음비는 이와 같은 $2 : \dfrac{\sqrt{3}}{2}$ 임을 알 수 있어. 그런데 문제에서 묻는 것은 무한히 반복되는 닮은 도형 ◿의 넓이의 합이므로 도형 ◿의 넓이의 비를 구해야 돼. 넓이의 비는 길이의 비인 닮음비의 제곱과 같아.

$$\text{닮음비} \quad 2 : \dfrac{\sqrt{3}}{2}$$

$$\text{넓이비} \quad 2^2 : \left(\dfrac{\sqrt{3}}{2}\right)^2 = 4 : \dfrac{3}{4}$$

즉, 닮은 도형 ◿의 넓이의 비는 $4 : \dfrac{3}{4}$ 이야. 예를 들어 첫 번째 도형의 넓이가 4라면 두 번째 도형의 넓이는 $\dfrac{3}{4}$ 이라는 의미야. 일정한 비율을 갖고 무한히 반복되는 닮은 도형 ◿의 넓이는 등비수열을 이루겠지? 이때 등비수열의 공비 r 은 4를 $\dfrac{3}{4}$ 으로 만드는 수여야 하잖아. 그러니 $\dfrac{3}{4}$ 을 4로 나누면 공비 r 이 나오겠네.

$$r = \dfrac{\dfrac{3}{4}}{4} = \dfrac{\dfrac{3}{4}}{\dfrac{4}{1}} = \dfrac{3}{16}$$

따라서, 이와 같은 과정을 계속하여 n번째 얻는 그림에 색칠되어 있는 부분의 넓이 S_n은 결국 만들어진 닮은 도형 ◿의 누적된 넓이의 합을 의미해. 이 S_n의 n이 무한대로 갈 때 극한값 $\displaystyle\lim_{n \to \infty} S_n$을 구한다는 것은 이 과정을 무한히 했을 때 만들어지는, 등비수열을 따르는 닮은 도형의 넓이의 총합을 구하는 것으로 등비급수야. 등비급수의 공식에 대입해서 답을 구하자.

첫 번째 도형의 넓이인 등비수열의 첫째 항 $a=\dfrac{2\pi}{3}-\dfrac{\sqrt{3}}{2}$

각 닮은 도형의 넓이 비인 등비수열의 공비 $r=\dfrac{3}{16}$

등비급수 공식 : $\dfrac{a}{1-r}$

$$\lim_{n\to\infty} S_n = \frac{a}{1-r} = \frac{\dfrac{2\pi}{3}-\dfrac{\sqrt{3}}{2}}{1-\dfrac{3}{16}}$$

$$= \frac{\dfrac{2\pi}{3}-\dfrac{\sqrt{3}}{2}}{\dfrac{13}{16}} = \left(\frac{2\pi}{3}-\frac{\sqrt{3}}{2}\right) \div \frac{13}{16}$$

$$= \left(\frac{2\pi}{3}-\frac{\sqrt{3}}{2}\right) \times \frac{16}{13}$$

$$= \frac{16}{13}\left(\frac{2\pi}{3}-\frac{\sqrt{3}}{2}\right)$$

 정답 ③

기출유형

02

그림과 같이 한 변의 길이가 5인 정사각형 ABCD의 대각선 BD의 5 등분점을 점 B에서 가까운 순서대로 각각 P_1, P_2, P_3, P_4라 하고, 선분 BP_1, P_4D를 각각 높이로 하는 정삼각형과 선분 P_1P_2, P_3P_4를 각각 지름으로 하는 원과 P_2P_3을 대각선으로 하는 정사각형을 그린 후, 🖋 모양의 도형에 색칠하여 얻은 그림을 R_1이라 하자.

그림 R_1에서 선분 P_2P_3을 대각선으로 하는 정사각형의 꼭짓점 중 점 A와 가장 가까운 점을 Q_1, 점 C와 가장 가까운 점을 Q_2라 하자. 선분 AQ_1을 대각선으로 하는 정사각형과 선분 CQ_2를 대각선으로 하는 정사각형을 그리고, 새로 그려진 2개의 정사각형 안에 그림 R_1을 얻는 것과 같은 방법으로 🖋 모양의 도형을 각각 그리고 색칠하여 얻은 그림을 R_2라 하자.

그림 R_2에서 선분 AQ_1을 대각선으로 하는 정사각형과 선분 CQ_2를 대각선으로 하는 정사각형에 그림 R_1에서 그림 R_2를 얻는 것과 같은 방법으로 🖋 모양의 도형을 각각 그리고 색칠하여 얻은 그림을 R_3이라 하자.

이와 같은 과정을 계속하여 n번째 얻은 그림 R_n에 색칠되어 있는 부분의 넓이를 S_n이라 할 때, $\lim_{n \to \infty} S_n$의 값은? [4점]

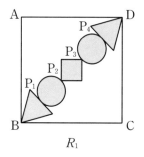

R_1

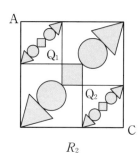

R_2

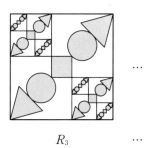

R_3 · · ·

① $\dfrac{24}{17}\left(\dfrac{2\sqrt{3}}{3}+\dfrac{\pi}{2}+\dfrac{1}{2}\right)$ ② $\dfrac{25}{17}\left(\dfrac{4\sqrt{3}}{3}+\pi+1\right)$

③ $\dfrac{26}{17}\left(\dfrac{2\sqrt{3}}{3}+\dfrac{\pi}{2}+\dfrac{1}{2}\right)$ ④ $\dfrac{24}{17}\left(\dfrac{\sqrt{3}}{2}+\dfrac{\pi}{3}+\dfrac{1}{3}\right)$

⑤ $\dfrac{25}{17}\left(\dfrac{2\sqrt{3}}{2}+\dfrac{\pi}{2}+1\right)$

이 문제도 많이 길지? 어차피 아래의 그림에 대한 설명일 뿐이니까 차분히 읽으면서 필요한 정보만 얻어 내면 돼. 먼저, <u>첫 번째 도형은 어떻게 만들어졌고, 어떤 방법을 통해 반복적으로 도형이 생기는지</u>, 이 두 가지만 아래 그림에서 체크하며 빠르게 파악해 보자.

첫 번째 그림 R_1을 보면서 문제를 읽어 보면, 한 변의 길이가 5인 정사각형 ABCD의 대각선 $\overline{BD}$를 5등분한 점을 B에서 가까운 순서대로 각각 P_1, P_2, P_3, P_4라 한대. 그리고 선분 $\overline{BP_1}$, $\overline{P_4D}$를 각각 높이로 하는 정삼각형 2개, P_1P_2, P_3P_4를 각각 지름으로 하는 원 2개, P_2P_3을 대각선으로 하는 정사각형 1개를 그려 색칠한 ⟋⟍ 모양의 도형이 바로 첫 번째 도형이야. 이 도형의 넓이가 등비수열의 첫째 항 a가 되겠지?

이제부터 이 첫 번째 도형의 넓이 a를 구해 보자. 한 변의 길이가 5인 정사각형 ABCD의 대각선 $\overline{\text{BD}}$는 ∠B, ∠C를 이등분하기 때문에 삼각형 ABD,

BCD는 다음과 같이 각의 크기가 45°인 직각이등변 삼각형이야.

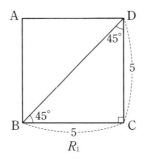

R_1

따라서, 특수각 45°에 대한 삼각비 $\sqrt{2}$: 1 : 1가 성립하므로 이 직각이등변

삼각형의 빗변 $\overline{\text{BD}}$의 길이를 x로 두고 비례식을 통해 알아보자.

$$\overline{\text{BD}} : \overline{\text{BC}} = \sqrt{2} : 1$$

$$x : 5 = \sqrt{2} : 1$$

비례식은 외항의 곱과 내항의 곱이 같지? 정리하면 다음과 같이 x가 나와.

$$5 \times \sqrt{2} = x \times 1$$

$$x = 5\sqrt{2}$$

즉, 정사각형의 대각선 $\overline{\text{BD}} = 5\sqrt{2}$로 이 대각선을 5등분하여 만든 선분 $\overline{\text{BP}_1}$,

$\overline{\text{P}_1\text{P}_2}$, $\overline{\text{P}_2\text{P}_3}$, $\overline{\text{P}_3\text{P}_4}$, $\overline{\text{P}_4\text{D}}$의 길이는 모두 $\dfrac{5\sqrt{2}}{5} = \sqrt{2}$씩이야. 이를 정리해 그림

R_1에 나타내면 아래와 같아.

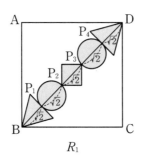

R_1

색칠된 도형들은 높이가 $\sqrt{2}$인 정삼각형 2개, 지름이 $\sqrt{2}$인 원 2개, 대각선이 $\sqrt{2}$인 정사각형 1개로 구성되어 있어. 이 도형들의 넓이를 모두 더하면 첫 번째 도형의 넓이인 첫째 항 a를 구할 수 있어.

먼저, 높이가 $\sqrt{2}$인 정삼각형은 공식을 통해 한 변의 길이를 구하자.

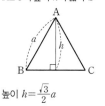

한 변의 길이가 a인 정삼각형 ABC의 높이 h와 넓이 S

높이 $h=\dfrac{\sqrt{3}}{2}a$

넓이 $S=\dfrac{\sqrt{3}}{4}a^2$

$$\text{높이}=\frac{\sqrt{3}}{2}\times\text{한 변의 길이}$$

$$\sqrt{2}=\frac{\sqrt{3}}{2}\times\text{한 변의 길이}$$

$$\text{한 변}=\sqrt{2}\times\frac{2}{\sqrt{3}}=\left(\frac{2\sqrt{2}}{\sqrt{3}}\right)=\frac{2\sqrt{6}}{3}$$

이걸 이용해 넓이를 구하자.

$$\text{정삼각형의 넓이}=\frac{\sqrt{3}}{4}\times\text{한 변의 길이}^2=\frac{\sqrt{3}}{4}\times\left(\frac{2\sqrt{6}}{3}\right)^2$$

$$=\frac{\sqrt{3}}{4}\times\frac{24}{9}=\frac{2\sqrt{3}}{3}$$

이번에는 지름이 $\sqrt{2}$인 원의 넓이를 구해 볼까?

$$\text{지름}:\sqrt{2},\ \text{반지름}:\frac{\sqrt{2}}{2}$$

$$\text{원의 넓이}=\pi\times\text{반지름}^2=\pi\times\left(\frac{\sqrt{2}}{2}\right)^2=\pi\times\frac{2}{4}=\frac{\pi}{2}$$

마지막으로 대각선이 $\sqrt{2}$인 정사각형은 앞의 문제에서 얘기했듯이 특수각 $45°$를 갖는 직각이등변 삼각형을 포함하므로, 삼각비 $\sqrt{2}:1:1$을 통해 정사각형의 한 변의 길이는 1로 다음 그림과 같음을 알 수 있어.

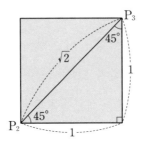

즉, 대각선이 $\sqrt{2}$인 이 정사각형의 넓이는 $1 \times 1 = 1$.

따라서, 첫번째 🌶 도형의 넓이 a는 정삼각형 2개, 원 2개, 정사각형 1개의 넓이를 모두 더해서 아래와 같아.

$$정삼각형의\ 넓이 = \frac{2\sqrt{3}}{3}, \quad 원의\ 넓이 = \frac{\pi}{2}, \quad 정사각형의\ 넓이 = 1$$

$$a = 2 \times \frac{2\sqrt{3}}{3} + 2 \times \frac{\pi}{2} + 1 \times 1 = \frac{4\sqrt{3}}{3} + \pi + 1$$

이렇게 첫째 항 a까지 구했어. 자, 거의 다 왔어! 이제 공비 r만 찾으면 돼. 문제를 좀 더 읽으면서 어떤 규칙으로 다음 도형을 만드는지 파악하자.

첫 번째 그림 R_1에서 선분 $\overline{P_2P_3}$을 대각선으로 하는 정사각형의 꼭짓점 중 점 A와 가장 가까운 점을 Q_1, 또 점 C와 가장 가까운 점을 Q_2라고 한다고 했는데 그림 R_2에서 찾아보면 어딘지 쉽게 보일 거야.

선분 $\overline{AQ_1}$을 대각선으로 하는 정사각형과 $\overline{CQ_2}$를 대각선으로 하는 정사각형을 그리고, 새로 그려진 2개의 정사각형 안에 그림 R_1에서 했던 것과 같은 과정으로 🌶 모양의 도형을 각각 그려 색칠을 한다고 해.

이때 그려진 도형이 두 번째 도형으로 첫 번째 도형과 생김새가 같은 닮은 도형이야. 그래서 이 두 도형의 닮음비를 구해 주면 되는 거지.

그런데 말야. 앞 문제를 풀면서 말했듯이 이 과정을 반복할 때마다 닮은 도형 🌶 말고도 같은 비율의 닮은 다른 도형들이 생겨. 예를 들어 정사각형

ABCD와 선분 $\overline{\mathrm{AQ_1}}$을 대각선으로 하는 정사각형이 닮았는데, 같은 방법으로 닮은 도형들이 일정하게 만들어지기 때문에 그림에서 만들어지는 모든 닮은 도형들의 닮음비가 같아. 그래서 구하고자 하는 도형의 닮음비를 직접 찾는 대신, 비교적 찾기 쉬운 정사각형 ABCD와 선분 $\overline{\mathrm{AQ_1}}$을 대각선으로 하는 정사각형의 닮음비를 이용할 거야. 그림 R_2를 봐.

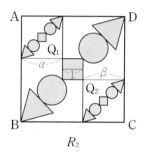

R_2

정사각형 ABCD의 한 변의 길이 5는 $\overline{\mathrm{AQ_1}}$을 대각선으로 하는 정사각형의 한 변의 길이($=\alpha$), $\overline{\mathrm{Q_1Q_2}}$을 대각선으로 하는 정사각형의 한 변의 길이($=1$), $\overline{\mathrm{CQ_2}}$를 대각선으로 하는 정사각형의 한 변의 길이($=\beta$)의 합과 같지?

그런데 대각선에 대해 대칭인 정사각형 ABCD의 대각선 좌우에서 같은 방법으로 만든 선분 $\overline{\mathrm{AQ_1}}$을 대각선으로 하는 정사각형과 $\overline{\mathrm{CQ_2}}$를 대각선으로 하는 정사각형은 서로 같은 모양으로 합동이 돼. 따라서 $\overline{\mathrm{AQ_1}}$을 대각선으로 하는 정사각형의 한 변과 $\overline{\mathrm{CQ_2}}$를 대각선으로 하는 정사각형의 한 변의 길이는 같아. 정리해 계산해 볼까?

정사각형 ABCD의 한 변의 길이$=5$

$\overline{\mathrm{AQ_1}}$을 대각선으로 하는 정사각형의 한 변의 길이 α $=$ $\overline{\mathrm{CQ_2}}$를 대각선으로 하는 정사각형의 한 변의 길이 β

$\overline{\mathrm{Q_1Q_2}}$을 대각선으로 하는 정사각형의 한 변의 길이$=1$

$5=\alpha+1+\beta$

α와 β는 같으니까

$5 = \alpha + 1 + \alpha$

$2\alpha = 4$

$\alpha = 2$

즉, $\overline{AQ_1}$, $\overline{CQ_2}$를 대각선으로 하는 정사각형의 한 변의 길이는 2야. 정사각형 ABCD와 선분 $\overline{AQ_1}$을 대각선으로 하는 정사각형의 닮음비는 각각 한 변의 길이의 비와 같지?

정사각형 ABCD의 한 변의 길이 = 5

$\overline{AQ_1}$을 대각선으로 하는 정사각형의 한 변의 길이 = 2

정사각형 ABCD와 $\overline{AQ_1}$을 대각선으로 하는 정사각형의 닮음비 $5 : 2$

닮음비를 제곱하여 넓이의 비를 구하면?

정사각형 ABCD와 $\overline{AQ_1}$을 대각선으로 하는 정사각형의 넓이 비

$5^2 : 2^2 = 25 : 4$

그러므로 닮은 도형 🥕의 넓이 비도 이와 같은 $25 : 4$임을 알 수 있어. 이 과정을 거쳐 생기는 닮은 도형의 넓이는 $\frac{4}{25}$배씩 작아진다는 의미야. 그런데 이 문제에서는 한 번 과정을 거칠 때마다 닮은 도형 개수가 2배씩 만들어져.

예를 들어 첫 번째 그림 R_1에서는 도형 🥕이 하나 만들어지고, 이 과정을 통해 두 번째 그림 R_2에서는 닮은 도형이 2개 생겼잖아. 다음 과정에는 4개가 만들어진 것을 그림 R_3에서 확인할 수 있지?

즉, 이와 같은 과정을 계속하면서 만들어진 도형의 넓이는 $\frac{4}{25}$배씩 작아지는데, 개수는 2배씩 늘어나니까 결국에는 새로 만들어지는 닮은 도형 🥕의 총

넓이는 그 전 넓이의 $\dfrac{4}{25} \times 2 = \dfrac{8}{25}$ 배씩이야.

따라서 이와 같은 과정을 무한히 계속하여 만들어진 닮은 도형들의 넓이의 공

비 $r = \dfrac{8}{25}$ 이 되는 거야. 그 닮은 도형들의 넓이의 총 합은 등비급수의 공식에

구해 놓은 첫째 항 a와 공비 r을 대입하면 끝!

첫 번째 도형의 넓이인 등비수열의 첫째 항 $a = \dfrac{4\sqrt{3}}{3} + \pi + 1$

닮은 도형의 넓이 비를 통해 구한 등비수열의 공비 $r = \dfrac{8}{25}$

등비급수 공식 : $\dfrac{a}{1-r}$

$$\lim_{n \to \infty} S_n = \frac{a}{1-r} = \frac{\dfrac{4\sqrt{3}}{3} + \pi + 1}{1 - \dfrac{8}{25}} = \frac{\dfrac{4\sqrt{3}}{3} + \pi + 1}{\dfrac{17}{25}}$$

$$= \left(\frac{4\sqrt{3}}{3} + \pi + 1 \right) \div \frac{17}{25} = \left(\frac{4\sqrt{3}}{3} + \pi + 1 \right) \times \frac{25}{17}$$

$$= \frac{25}{17} \left(\frac{4\sqrt{3}}{3} + \pi + 1 \right)$$

 정답 ②

자신의 능력을 믿어야 한다.
그리고 끝까지 굳세게 밀고 나가라.

- 로잘린 카터

읽기만
해도
2등급

08 두 구간으로 나눠진
함수의 연속

나눠진 구간에서 연속성을 조사하라!

4점짜리로 출제되지만, 비교적 쉬운 편에 속하는 유형이야. 구간이 나눠진 함수와 다항함수가 주어지는데, 이 함수들을 곱하거나 나눈 함수의 실수 전체에서 연속성을 주로 물어봐.

참고로 x^2-3, $2x$처럼 x의 거듭제곱으로 정의된 다항함수는 실수 전체에서 연속이야. 그리고 연속함수와 연속함수를 서로 사칙연산(덧셈, 뺄셈, 곱셈, 나눗셈) 한 함수도 연속이고, 예외적으로 나눗셈을 할 때 분모가 0이 되면 값이 존재하지 않으므로 그때는 연속이 아니야. 그런데 어떤 구간에서 불연속인 함수와 연속인 함수를 사칙연산 한 함수는 그 구간에서 연속일 수도 있고, 아닐 수도 있어.

그래서 이 유형을 풀 때에는 어떤 구간에서 불연속 함수가 존재하는지 확인하고, 만약 존재하면 그 불연속인 구간에서도 함수의 곱이 연속이 되도록 연속의 조건을 이용해 계산하면 돼! 그런데 구간이 나눠진 함수는 그 구간이 만나는 곳에서 불연속일 가능성이 크니까 그 지점에서의 연속성을 꼭 조사하자고!

기출유형

01

두 함수

$$f(x) = \begin{cases} x^2 - 3 & (x \le a) \\ 2x & (x > a) \end{cases}, \ g(x) = 2x - (a-4)$$

에 대하여 함수 $f(x)g(x)$가 실수 전체의 집합에서 연속이 되도록 하는 모든 실수 a의 값의 곱을 구하시오. [4점]

문제에 주어진 두 함수 $f(x)$와 $g(x)$를 보자. $f(x)$는 $x=a$에서 구간이 나눠진 함수지? $x \le a$일 때는 x^2-3, $x>a$때는 $2x$인 다항함수야. 그러므로 $f(x)$는 각각 구간 안에서는 연속함수이고, 만약 불연속인 곳이 있다면 두 구간이 만나는 곳($x=a$)일 수 있어. 그리고 $g(x)$는 $2x-(a-4)$인 다항함수로 실수 전체에서 연속이야.

이 문제는 이 함수들의 곱 $f(x)g(x)$가 실수 전체에서 연속이 되도록 하는 모든 a의 곱을 구하라고 하지? 그렇다면 $f(x)$가 두 구간이 만나는 $x=a$에서만 연속이면 $f(x)$는 실수 전체에서 연속이므로, 연속함수인 $g(x)$와의 곱 $f(x)g(x)$도 실수 전체에서 연속인 거야.

하지만 만약 $f(x)$가 두 구간이 만나는 $x=a$에서 불연속이면 $f(x)g(x)$도 $x=a$에서 불연속일 수 있으니, 연속의 조건을 사용해 연속이 되도록 알맞은 a의 값을 찾아야 해.

먼저 $f(x)$가 $x=a$에서 연속인 경우부터 구해 볼게. $f(x)$가 $x=a$에서 연속이려면 다음의 연속의 세 가지 조건을 만족해야 돼.

<연속의 세 가지 조건>

① 함숫값 $f(a)$가 존재

② 극한값 $\lim\limits_{x \to a} f(x)$가 존재

③ 함숫값과 극한값이 일치 $\lim\limits_{x \to a} f(x) = f(a)$

첫 번째 조건부터 맞춰 봐. 함숫값 $f(a)$는 $x=a$일 때가 포함된 $x \leq a$에서 함수 $f(x)=x^2-3$에 a를 대입하면 돼. 즉, $f(x)$의 함숫값 $f(a)=a^2-3$이야.

다음으로 두 번째 조건 극한값 $\lim\limits_{x \to a} f(x)$를 구해 보자. 극한값이 존재하려면 우극한 $\lim\limits_{x \to a+} f(x)$과 좌극한 $\lim\limits_{x \to a-} f(x)$이 같아야 한다는 거 알지? 우극한은 x가 a보다 큰 오른쪽에서 a로 한없이 가까워질 때, $f(x)$의 값을 확인하는 것이므로 $x > a$에서 함수 $f(x)=2x$로 극한 계산을 하면 돼. 그리고 좌극한은 반대니까 x가 a보다 작은 왼쪽 $x \leq a$에서 함수 $f(x)=x^2-3$으로 계산하면 돼. 따라서, $x=a$에서는 아래와 같아.

(우극한) $\lim\limits_{x \to a+} f(x) = \lim\limits_{x \to a+} 2x = 2a$

(좌극한) $\lim\limits_{x \to a-} f(x) = \lim\limits_{x \to a-} x^2-3 = a^2-3$

그런데 극한값이 존재하려면 이 우극한과 좌극한이 같아야 하잖아.

$$\lim\limits_{x \to a+} f(x) = \lim\limits_{x \to a-} f(x)$$

$$2a = a^2-3$$

$$a^2-2a-3=0$$

$$(a-3)(a+1)=0$$

$$a=3 \text{ 또는 } a=-1$$

따라서 $a=3$ 또는 $a=-1$이면 좌극한과 우극한이 같기 때문에 극한값이 존재해. 그리고 이때 좌극한 $\lim\limits_{x \to a-} f(x) = a^2 - 3$과 구해 놓은 함숫값 $f(a) = a^2 - 3$은 같은 식이므로, 좌극한과 우극한이 같으면 세 번째 조건으로 함숫값과 극한값까지도 일치해.

즉, $\lim\limits_{x \to a} f(x) = f(a)$를 정리하면 $a=3$ 또는 $a=-1$이면 함수 $f(x)$가 연속이므로, 연속함수인 $g(x)$와의 곱 $f(x)g(x)$는 연속이야.

다음으로 a가 3도 아니고 -1도 아니어서, $f(x)$가 구간이 만나는 $x=a$에서 불연속일 때 $f(x)g(x)$가 연속이 되도록 값을 구해 볼게. 함수 $f(x)g(x)$가 $x=a$에서 연속이 되려면 연속의 세 가지 조건을 만족해야 하지? 각 조건을 떠올리며 하나씩 따져 보자.

먼저 연속의 첫 번째 조건! $x=a$에서 $f(x)g(x)$의 함숫값 $f(a)g(a)$는 $f(a) = a^2 - 3$이고, $g(a)$는 $g(x) = 2x - (a-4)$에 a를 대입한 $g(a) = 2a - (a-4) = a+4$이므로 $f(a)g(a) = (a^2 - 3)(a+4)$야.

그리고 두 번째 조건으로 극한값 $\lim\limits_{x \to a} f(x)g(x)$이 존재해야 하잖아.

앞에서 얘기했듯이 함수 $f(x)$는 $x=a$의 오른쪽에서는 $f(x) = 2x$, 왼쪽에서는 $f(x) = x^2 - 3$이고 $g(x)$는 실수 전체에서 $g(x) = 2x - (a-4)$로 일정해.

이걸 이용해 우극한과 좌극한을 구해 보자.

$$\text{(우극한) } \lim_{x \to a+} f(x)g(x) = \lim_{x \to a+} 2x\{2x - (a-4)\}$$
$$= 2a \times \{2a - (a-4)\} = 2a(a+4)$$
$$\text{(좌극한) } \lim_{x \to a-} f(x)g(x) = \lim_{x \to a-} (x^2 - 3) \times \{2x - (a-4)\}$$
$$= (a^2 - 3) \times \{2a - (a-4)\}$$
$$= (a^2 - 3)(a+4)$$

등식을 양변에 존재하는 $a+4$ 로 나누면 안 돼. 만약 그렇게 하면 다음과 같이
$2a=a^2-3$
$a^2-2a-3=0$
$(a-3)(a+1)=0$
$a=3$ 또는 $a=-1$로
$a=-4$의 해를 찾을 수 없어.

여기서 극한값 $\lim\limits_{x \to a} f(x)g(x)$이 존재하려면 우극한과 좌극한이 같아야 해.

$$2a(a+4)=(a^2-3)(a+4)$$

$$(a^2-3)(a+4)-2a(a+4)=0$$

$$(a+4)\{(a^2-3)-2a\}=0$$

$$(a+4)(a^2-2a-3)=0$$

$$(a+4)(a-3)(a+1)=0$$

$$a=-4 \text{ 또는 } a=3 \text{ 또는 } a=-1$$

그런데 $a=3$ 또는 $a=-1$이면 $f(x)$가 $x=a$에서 연속이었지?

$f(x)$가 $x=a$에서 불연속일 때는 그 값들을 제외한 $a=-4$임을 알 수 있어.

따라서, 함수 $f(x)g(x)$가 실수 전체에서 연속이 되도록 하는 모든 a는 $f(x)$가 $x=a$에서 연속일 때 $a=3$ 또는 $a=-1$야. $f(x)$가 $x=a$에서 불연속일 때는 $a=-4$. 이 실수 a의 값들의 곱은?

$$3 \times (-1) \times (-4) = 12$$

 정답 12

기출유형

02

두 함수

$$f(x) = \begin{cases} x^2 - 3x + 5 & (x < 1) \\ 2 & (x \geq 1) \end{cases}, \quad g(x) = 2x + a$$

에 대하여 함수 $\dfrac{g(x)}{f(x)}$ 가 실수 전체의 집합에서 연속일 때, 상수 a의 값은? [4점]

① -2　　② -1　　③ $-\dfrac{3}{4}$　　④ $-\dfrac{1}{2}$　　⑤ $-\dfrac{1}{4}$

$x = 1$에서 구간이 나눠진 함수 $f(x)$와 실수 전체에서 연속인 다항함수 $g(x)$가 주어졌어. 문제에서 요구하는 것은 $\dfrac{g(x)}{f(x)}$가 실수 전체의 집합에서 연속일 때, 상수 a의 값이야.

이때 함수 $f(x)$의 나눠진 구간이 만나는 $x = 1$에서 연속성을 조사해 봐. 연속의 세 가지 조건 중 두 번째 조건인 극한값 $\lim\limits_{x \to 1} f(x)$이 존재하지 않는다는 것을 알 수 있어. 왜?

x가 1보다 작은 왼쪽 $x < 1$에서 다가올 때 좌극한을 계산해 봐.

$$\lim_{x \to 1-} f(x) = \lim_{x \to 1-} x^2 - 3x + 5 = (1)^2 - 3 \times 1 + 5 = 3$$

그리고 x가 1보다 큰 오른쪽 $x \geq 1$에서 다가올 때 우극한은?

$$\lim_{x \to 1+} f(x) = \lim_{x \to 1+} 2 = 2$$

이렇게 두 값이 서로 같지 않기 때문이야. 그러므로 $x=1$에서 함수 $\dfrac{g(x)}{f(x)}$는

연속함수÷불연속함수이므로 연속일 수도 있고, 불연속일 수도 있어. 그래서

실수 전체에서 연속이기 위해서는 $x=1$에서 연속이 되도록 알맞은 상수 a의

값을 찾아야 돼.

자, 함수 $\dfrac{g(x)}{f(x)}$가 $x=1$에서 연속이려면 연속의 세 가지 조건을 만족해야 되

잖아. $f(x)$가 $x=a$에서 연속이려면 만족해야 할 연속의 세 가지 조건, 다시

한 번 짚고 가자.

<연속의 세 가지 조건>

① 함숫값 $f(a)$가 존재

② 극한값 $\lim\limits_{x \to a} f(x)$가 존재

③ 함숫값과 극한값이 일치 $\lim\limits_{x \to a} f(x)=f(a)$

이 문제의 경우에 맞추어 첫 번째 조건으로 함수값 $\dfrac{g(1)}{f(1)}$이 존재하는지부터

알아보자.

문제에 제시된 것처럼 $f(x)$는 x가 1보다 크거나 같을 때$(x \geq 1)$ $f(x)=2$

이므로 $f(1)=2$이야. 그리고 $g(x)$는 실수 전체에서 $g(x)=2x+a$이므

로 $g(1)=2 \times 1+a=2+a$야. 정리하면 $\dfrac{g(1)}{f(1)}=\dfrac{2+a}{2}$이겠지?

다음은 두 번째 조건 극한값 $\lim\limits_{x \to 1} \dfrac{g(x)}{f(x)}$을 계산해 볼게.

$x=1$에서 왼쪽, 오른쪽으로 구간이 나눠진 함수 $f(x)$ 때문에 $\lim\limits_{x \to 1} \dfrac{g(x)}{f(x)}$

의 극한값도 좌극한, 우극한을 따로 계산해서 따져 봐야 돼.

$$f(x)=\begin{cases} x^2-3x+5 & (x<1) \\ 2 & (x\geq 1) \end{cases}, \quad g(x)=2x+a$$

(좌극한) $\displaystyle\lim_{x\to 1-}\frac{g(x)}{f(x)}=\lim_{x\to 1-}\frac{2x+a}{x^2-3x+5}$

$$=\frac{2\times 1+a}{(1)^2-3\times 1+5}=\frac{2+a}{3}$$

(우극한) $\displaystyle\lim_{x\to 1+}\frac{g(x)}{f(x)}=\lim_{x\to 1+}\frac{2x+a}{2}=\frac{2\times 1+a}{2}=\frac{2+a}{2}$

극한값이 존재하려면 이 좌극한과 우극한 값이 같아야 해.

$$\frac{2+a}{3}=\frac{2+a}{2}$$

$$2\times(2+a)=3\times(2+a)$$

$$4+2a=6+3a$$

$$3a-2a=4-6$$

$$a=-2$$

따라서, $a=-2$이면 좌극한 $\displaystyle\lim_{x\to 1-}\frac{g(x)}{f(x)}=\frac{2+a}{3}=0$,

우극한 $\displaystyle\lim_{x\to 1+}\frac{g(x)}{f(x)}=\frac{2+a}{2}=0$으로 서로 같아. 그러니 극한값도

$\displaystyle\lim_{x\to 1}\frac{g(x)}{f(x)}=0$으로 존재해.

그리고 우리가 아까 구해 놓은 첫 번째 조건에도 $a=-2$를 대입해 보면 함숫

값 $\dfrac{g(1)}{f(1)}=\dfrac{2+a}{2}=0$이야. 이 말인즉슨 세 번째 조건인 함숫값과 극한값이

$\dfrac{g(1)}{f(1)}=\displaystyle\lim_{x\to 1}\frac{g(x)}{f(x)}=0$으로 일치한다는 것이지. 세 번째 조건도 만족!

총 정리해서 말하자면 $a = -2$이면 나눠진 두 구간이 만나는 $x = 1$에서도

$\dfrac{g(x)}{f(x)}$가 연속이므로 실수 전체에서 연속이야. 그러므로 문제에서 요구하는

답은 -2야.

 정답 ①

열등감을 느끼는 것은
자신이 그것에 동의했기 때문이다.

- 엘리너 루스벨트

09 실생활 활용
지수와 로그

주어진 관계식에
변수만 대입해 계산하라!

3점 혹은 4점짜리 문제 초반부에 출제되는 유형이야.

지수와 로그를 계산할 수 있는지 묻고 있지. 교과 과정 개정 후 실시된 첫 수능에서는 출제되지 않았지만, 여전히 출제될 가능성이 매우 높아.

이 유형의 문제에서는 항상 어떤 상황에서의 관계식 하나가 주어지는데, 그 식을 이해할 필요가 전혀 없어! 그냥 뭐 그런 식이 있다 치고, 그 식에 포함된 변수가 뭔지 파악하는 게 제일 중요해. 그래서 문제를 풀 때 그 변수를 설명하는 부분에 밑줄을 치면서 읽는 게 좋아. 문제에서는 그 식을 활용할 수 있는 두 가지 상황을 주는데, 각각 상황에서의 변수를 대입해 만든 두 식을 이용해 풀면 돼!

기출유형

01

디지털 사진을 압축할 때 원본 사진과 압축한 사진의 다른 정도를 나타 내는 지표인 최대 신호 대 잡음비를 P, 원본 사진과 압축한 사진의 평 균제곱오차를 E라 하면 다음과 같은 관계식이 성립한다고 한다.

$$P = 20\log 255 - 10\log E \quad (E > 0)$$

두 원본 사진 A, B를 압축했을 때 최대 신호 대 잡음비를 각각 P_A, P_B라 하고, 평균제곱오차를 각각 E_A $(E_A > 0)$, E_B $(E_B > 0)$라 하 자. E_B가 E_A의 1000배일 때, $P_A - P_B$의 값은? [3점]

① 30   ② 25   ③ 20   ④ 15   ⑤ 10

자, 유형 파악부터! 문제를 보면 중간쯤에 $P = 20\log 255 - 10\log E$라는 관계식이 하나 주어졌지? 이 식의 원리를 이해하려고 하지 마. 하지만 포함된 변수가 뭔지는 체크해야 해! 디지털 사진을 압축할 때, 뭐 어쩌구 저쩌구 하고 있는데 최대 신호 대 잡음비가 P, 평균제곱오차가 E라고 하지? 이 부분을 밑줄 쫙 쳐 놓고 필요할 때마다 확인하도록.

계속 읽으면 그 식에 대입할 수 있는 두 가지 상황이 나와. 사진 A, B를 압 축할 때, 최대 신호 대 잡음비가 각각 P_A, P_B이고 평균제곱오차가 각각 E_A, E_B라고 한대. 그럼 주어진 식 $P = 20\log 255 - 10\log E$의 최대 신호 대 잡 음비 P 자리에 P_A, P_B를, 평균제곱오차 E 자리에 E_A, E_B를 각각 대입 해 보자.

$$\text{사진 } A\text{의 최대 신호 대 잡음비} : P_A, \text{ 평균제곱오차} : E_A$$

$$P_A = 20\log 255 - 10\log E_A$$

$$\text{사진 } B\text{의 최대 신호 대 잡음비} : P_B, \text{ 평균제곱오차} : E_B$$

$$P_B = 20\log 255 - 10\log E_B$$

그런데 E_B가 E_A의 1000배일 때 즉, $E_B = 1000E_A$라면 $P_A - P_B$의 값은 무엇인지 묻고 있어. 위에서 구한 두 식을 빼자.

$$\begin{aligned} P_A - P_B &= (20\log 255 - 10\log E_A) - (20\log 255 - 10\log E_B) \\ &= 20\log 255 - 10\log E_A - 20\log 255 + 10\log E_B \\ &= -10\log E_A + 10\log E_B = 10\log E_B - 10\log E_A \\ &= 10(\log E_B - \log E_A) \end{aligned}$$

이렇게 $P_A - P_B = 10(\log E_B - \log E_A)$임을 알 수 있어. 그런데 로그의 성질에 의해 두 로그의 차는 진수의 나누기로 바꿀 수 있잖아.

$$P_A - P_B = 10(\log E_B - \log E_A) = 10\log \frac{E_B}{E_A}$$

즉, $P_A - P_B = 10\log \dfrac{E_B}{E_A}$인데 문제의 조건이 $E_B = 1000E_A$일 때를 구하는 것이니까 이걸 대입하면 다음과 같아.

$$P_A - P_B = 10\log \frac{E_B}{E_A} = 10\log \frac{1000E_A}{E_A}$$

$$= 10\log 1000 = 10\log 10^3$$

로그의 성질에 의해 진수의 지수는 로그 앞으로 옮겨서 곱할 수 있으니까 여기서 더 정리할 수 있어.

〈로그의 정의〉
$a^x = b \Longleftrightarrow x = \log_a b$
$\log_a \underbrace{b}$ → 진수 $(b > 0)$
→ 밑 $(a > 0, a \neq 1)$

❶ 진수의 곱은 두 로그의 합과 같아.
$\log_a xy = \log_a x + \log_a y$
Ex $\log_2 15 = \log_2 (3 \times 5)$
$= \log_2 3 + \log_2 5$

❷ 진수의 나누기는 두 로그의 차와 같아.
$\log_a \dfrac{x}{y} = \log_a x - \log_a y$
Ex $\log_2 \dfrac{3}{5} = \log_2 3 - \log_2 5$

로그의 진수의 지수는 로그 앞으로 옮겨서 곱할 수 있어.
$\log_a x^r = r\log_a x$
Ex $\log_2 3^5 = 5\log_2 3$

$$P_A - P_B = 10\log 10^3 = 10 \times 3\log 10 = 30\log 10$$

정리하면 $P_A - P_B = 30\log 10$이야. 그런데 밑이 안 적힌 로그는 밑이 10인 상용로그지?

10을 밑으로 하는 로그를 '상용로그'라 하고, 밑 10을 생략하여 $\log_{10} N = \log N$처럼 나타내.
Ex $\log_{10} 3 = \log 3$

$$P_A - P_B = 30\log 10 = 30\log_{10} 10$$

로그의 성질에 의해 밑과 진수가 같으면 값이 1이니까 이 식의 답을 구할 수 있어.

❶ 밑과 진수가 같은 로그는 값이 항상 1이야.
$\log_a a = 1$
Ex $\log 10 = \log_{10} 10 = 1$
❷ 진수가 1인 로그는 밑에 관계없이 값이 항상 0이야.
$\log_a 1 = 0$
Ex $\log 1 = \log_{10} 1 = 0$

$$P_A - P_B = 30\log_{10} 10 = 30 \times 1 = 30$$

 정답 ①

02

어느 금융 상품에 초기 자산 W_0을 투자하고 t년이 지난 시점에서의 기대 자산 W가 다음과 같이 주어진다고 한다.

$$W = \frac{W_0}{2} 10^{at}(1+10^{at})$$

(단, $W_0 > 0$, $t \geq 0$이고, a는 상수이다.)

이 금융 상품에 초기 자산 w_0을 투자하고 25년이 지난 시점에서의 기대 자산은 초기 자산의 6배이다. 이 금융 상품에 초기 자산 w_0을 투자하고 50년이 지난 시점에서의 기대 자산이 초기 자산의 k배일 때, 실수 k의 값은? (단, $w_0 > 0$) [4점]

① 30   ② 35   ③ 40   ④ 45   ⑤ 50

이 문제 역시 주어진 관계식 $W = \frac{W_0}{2} 10^{at}(1+10^{at})$의 원리 자체를 이해할 필요가 없어. 대신 관계식의 변수가 뭔지 밑줄을 치면서 파악하면 돼. W_0은 초기 자산, t년이 지난 시점에서의 기대 자산이 W. 이제 두 가지 상황이 나오겠지?

첫 번째 상황은 초기 자산(W_0)으로 w_0을 투자하고 25년($t=25$)이 지난 시점에서의 기대 자산(W)이 초기 자산 w_0의 6배라고 해. $W=6w_0$임을 알 수 있어.

그리고 두 번째 상황은 초기 자산(W_0)으로 w_0을 투자하고 50년($t=50$)이 지난 시점에서의 기대 자산(W)이 초기 자산 w_0의 k배인 $W=kw_0$일 때 k의 값을 묻고 있어. 두 상황을 주어진 관계식에 대입하자.

<첫 번째 상황>

초기 자산 : $W_0 = w_0$

25년($t=25$)이 지난 시점에서의 기대 자산 : $W = 6w_0$

$$6w_0 : \frac{w_0}{2}10^{25a}(1+10^{25a})$$

<두 번째 상황>

초기 자산 : $W_0 = w_0$

50년($t=50$)이 지난 시점에서의 기대 자산 : $W = kw_0$

$$kw_0 : \frac{w_0}{2}10^{50a}(1+10^{50a})$$

그럼 이제 두 상황의 식을 이용해서 k의 값을 구해 주면 돼. 일반적으로는 두 식을 더하거나 빼거나 곱하거나 나누거나 하면 찾을 수 있는데, 이 문제는 그게 안 되지? 그래서 학생들이 약간 어렵게 느끼기도 하더라고. 겁먹지 말고 우선 두 식을 공통점과 차이점을 찾아본다는 생각으로 살펴봐.

$$6w_0 = \frac{w_0}{2}10^{25a}(1+10^{25a}), \quad kw_0 = \frac{w_0}{2}10^{50a}(1+10^{50a})$$

두 식은 어딘가 굉장히 비슷해. 차이점이라면 왼쪽 식은 10^{25a}가 반복되고, 오른쪽 식은 10^{50a}가 반복되고 있어. 우선 두 식을 비슷한 모습이 되도록 정리해 주자. 두 식 모두 양변에 존재하는 w_0를 약분하고 양변에 2를 곱하면 아래와 같아.

$$12 = 10^{25a}(1+10^{25a}), \quad 2k = 10^{50a}(1+10^{50a})$$

왼쪽 식 $12 = 10^{25a}(1+10^{25a})$에 반복되는 10^{25a}를 t로 치환해서 나타내면?

$$12 = t(1+t)$$

이렇게 t에 대한 이차방정식을 얻었어. 이걸 풀면 t의 값을 구할 수 있겠지?

$$12 = t^2 + t$$

$$t^2 + t - 12 = 0$$

$$(t+4)(t-3) = 0$$

$$t = -4 \text{ 또는 } t = 3$$

구한 t는 -4 또는 3인데, t는 10^{25a}을 치환한 값으로 양수 10의 거듭제곱이기 때문에 음수가 될 수 없어. 따라서, $t = 10^{25a} = 3$임을 알 수 있어.

그런데 아까 $2k = 10^{50a}(1+10^{50a})$에서 반복된 10^{50a}는 10^{25a}를 제곱한 값이지? 이걸 이용해 식에 정리하면 답이 나와.

$$10^{25a} = 3, \ 10^{50a} = (10^{25a})^2 = (3)^2 = 9$$

$$2k = 10^{50a}(1+10^{50a})$$

$$2k = 9(1+9)$$

$$2k = 9 \times 10$$

$$k = 45$$

 ④

한 번도 실수해 보지 않은 사람은
한 번도 새로운 것을 시도한 적이 없는 사람이다.

- 아인슈타인

읽기만
해도
2등급

10 정규분포

$N(m,\ \sigma^2)$으로 나타내고 표준화하라!

3점 혹은 4점짜리 문제 초반부에 출제되는 굉장히 쉬운 유형이야. 우선 무엇에 대한 정규분포인지를 파악해야 돼! 그리고 평균(m)과 표준편차(σ)를 확인해서 정규분포를 기호 $N(m,\ \sigma^2)$으로 나타내 봐. 문제에서 묻는 확률은 정규분포를 표준화해서 주어진 표준정규분포표를 활용하면 되고. 그런 후에 표준정규분포의 대칭성을 이용해서 표준정규분포표를 보면 답이 나올 거야.

기초유형

01

어느 공항에서 처리되는 각 수화물의 무게는 평균이 20 kg, 표준편차가 3 kg인 정규분포를 따른다고 한다. 이 공항에서 처리되는 수화물 중에서 임의로 한 개를 선택할 때, 이 수화물의 무게가 14 kg 이상이고 23 kg 이하일 확률을 오른쪽 표준정규분포표를 이용하여 구한 것은? [4점]

z	$P(0 \le Z \le z)$
0.5	0.1915
1.0	0.3413
1.5	0.4332
2.0	0.4772

① 0.5328   ② 0.6247   ③ 0.7745

④ 0.8185   ⑤ 0.9104

문장이 길게 나열되어 있지만 필요한 조건들만 챙겨서 읽어 나가자.

먼저 각 수하물의 무게가 평균 20 kg, 표준편차 3 kg인 정규분포를 따른다고 해. 수하물의 무게가 확률변수 X로, 그 확률변수의 분포가 평균이 20, 표준편차가 3인 정규분포를 따른다는 뜻이야.

여기서 정규분포를 풀 때 필요한 성질 몇 가지를 간단히 정리하고 넘어가자.

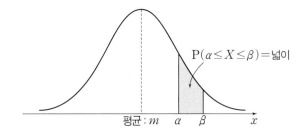

이 그림과 같이 평균 m에 대해 좌우 대칭인 종 모양의 확률밀도 함수를 갖는 확률변수 X의 분포를 정규분포라고 해. 확률밀도 함수의 특징은 확률변수 X가 $\alpha \leq X \leq \beta$의 확률 $\mathrm{P}(\alpha \leq X \leq \beta)$는 그래프에서 $x=\alpha$부터 $x=\beta$의 넓이가 된다는 것이야.

즉, 확률을 구하기 위해서는 확률밀도 함수에서 해당하는 부분의 넓이를 구해주면 돼. 전체 확률은 1이잖아? 그래서 확률밀도 함수와 x축 사이의 전체 넓이는 전체 확률과 같은 1이야. 그러면 정규분포는 평균 m에 대해 좌우 대칭이기 때문에, 확률변수 X가 m보다 작을 확률 $\mathrm{P}(X \leq m)$이나 클 확률 $\mathrm{P}(X \geq m)$이 전체의 절반씩으로 0.5라는 것을 알 수 있겠지? 이제 다시 문제로 돌아가자.

자, 평균이 m이고 표준편차가 σ인 정규분포는 기호로 $N(m, \ \sigma^2)$으로 나타내거든? 문제에서 수하물 무게의 평균이 20, 표준편차가 3인 정규분포를 따른다고 했으므로 기호로 나타내면 $N(20, \ 3^2)$이야.

그런데 수하물 한 개를 선택할 때, 이 수하물의 무게가 14kg 이상 23kg 이하일 확률을 구하라고 했지? 그럼 확률변수 X가 수하물의 무게이므로 X가 14kg 이상 23kg 이하일 확률을 나타내면 $\mathrm{P}(14 \leq X \leq 23)$이야. 이제 이 정규분포를 표준화해서 주어진 표준정규분포표를 이용해 답을 구하면 돼.

잠깐 '표준화'가 뭔지 짧게 알아볼게.

정규분포의 표준화란 평균이 m이고 표준편차가 σ인 정규분포 $N(m, \ \sigma^2)$을 따르는 확률변수 X를, 평균이 0이고 표준편차가 1인 표준정규분포 $N(0, \ 1^2)$을 따르는 확률변수 Z로 바꾸는 것인데, 의미를 완벽히 이해할 필요는 없어.

그냥 단순하게 정규분포 '$N(m, \ \sigma^2)$을 따르는 확률변수 X의 확률

$P(a \leq X \leq b)$은 각 변에서 평균 m을 빼고 표준편차 σ로 나눈

$P\left(\dfrac{a-m}{\sigma} \leq Z \leq \dfrac{b-m}{\sigma}\right)$으로 바꿔 계산해도 같다'라고 공식만 알면 돼.

확률변수 X가 정규분포 $N(m,\ \sigma^2)$을 따를 때,

$$P(a \leq X \leq b) = P\left(\dfrac{a-m}{\sigma} \leq Z \leq \dfrac{b-m}{\sigma}\right)$$

자, 이제 표준화 공식을 통해 문제에서 묻고 있는 $P(14 \leq X \leq 23)$를 공식에 의해 표준화하자.

확률변수 X가 정규분포 $N(20,\ 3^2)$을 따를 때

$$P(14 \leq X \leq 23) = P\left(\dfrac{14-20}{3} \leq Z \leq \dfrac{23-20}{3}\right)$$

$$= P(-2 \leq Z \leq 1)$$

마지막으로 $P(-2 \leq Z \leq 1)$만 주어진 표준정규분포표를 이용해 계산하면 되는데, 문제의 표를 보면 알 수 있듯이 $P(0 \leq Z \leq z)$ 형식으로 0부터 시작하는 확률로 알려 주고 있지? 그래서 확률 $P(-2 \leq Z \leq 1)$를 바로 구할 수는 없고, 범위가 0부터 시작하도록 우리가 바꿔 줘야 돼.

바꾸는 원리는 표준정규분포 $N(0,\ 1^2)$은 평균이 0이므로, 0에 대칭임을 이용하는 거야. 그러니 우리가 구하려는 확률 $P(-2 \leq Z \leq 1)$는 아래와 같이 두 영역의 넓이로 나눠서 더하면 돼.

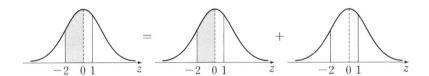

즉, $P(-2 \leq Z \leq 1) = P(-2 \leq Z \leq 0) + P(0 \leq Z \leq 1)$로 계산할 수 있다는 거지. 여기서 다시 한 번 $P(-2 \leq Z \leq 0)$은 0에 대한 대칭성을 이용해

다음과 같이 바꿀 수 있어.

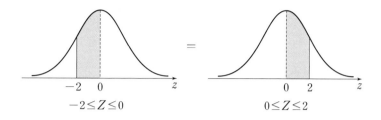

이렇게 $P(-2\leq Z\leq 0)=P(0\leq Z\leq 2)$이니까 지금까지의 풀이 과정을 아래처럼 바꿀 수 있어.

$$P(-2\leq Z\leq 1)=P(-2\leq Z\leq 0)+P(0\leq Z\leq 1)$$
$$=P(0\leq Z\leq 2)+P(0\leq Z\leq 1)$$

이제 마지막! 문제 오른쪽에 주어진 표준정규분포표에서 해당하는 확률을 찾아 더하면 답이 나올 거야.

z	$P(0\leq Z\leq z)$
0.5	0.1915
1.0	0.3413
1.5	0.4332
2.0	0.4772

$$P(0\leq Z\leq 2)=0.4772, \ P(0\leq Z\leq 1)=0.3413$$
$$P(-2\leq Z\leq 1)=P(0\leq Z\leq 2)+P(0\leq Z\leq 1)$$
$$=0.4772+0.3413=0.8185$$

 정답 ④

기출유형

02

z	$P(0 \leq Z \leq z)$
1.00	0.3413
1.25	0.3944
1.50	0.4332
1.75	0.4599

어느 쌀 모으기 행사에 참여한 각 학생이 기부한 쌀의 평균이 $2\,\mathrm{kg}$, 표준편차가 $0.4\,\mathrm{kg}$인 정규분포를 따른다고 한다. 이 행사에 참여한 학생 중 임의로 1명을 선택할 때, 이 학생이 기부한 쌀의 무게가 $2.4\,\mathrm{kg}$ 이상이고 $2.6\,\mathrm{kg}$ 이하일 확률을 오른쪽 표준정규분포표를 이용하여 구한 것은? [3점]

① 0.8543 ② 0.8012 ③ 0.7745

④ 0.1186 ⑤ 0.0919

이 문제도 마찬가지로 무엇에 대한 정규분포인지부터 체크하자. 행사에 참여한 각 학생이 기부한 쌀의 무게가 평균이 $2\,\mathrm{kg}$, 표준편차가 $0.4\,\mathrm{kg}$인 정규분포를 따른다고 하지? 학생이 기부한 쌀의 무게가 확률변수 X야. 그 확률변수의 분포가 평균 $m=2$, 표준편차가 $\sigma=0.4$인 정규분포 $N(2,\ 0.4^2)$을 따른다는 이야기지. 우리는 확률변수인 쌀의 무게 X가 2.4 이상 2.6 이하일 확률 $P(2.4 \leq X \leq 2.6)$를 구하면 돼.

주어진 표준정규분포표를 쓰기 위해서 $P(2.4 \leq X \leq 2.6)$를 공식을 사용해 표준화하자.

확률변수 X가 정규분포 $N(2,\ 0.4^2)$을 따를 때

확률변수 X가 정규분포 $N(m,\ \sigma^2)$를 따를 때,
$$P(a \leq X \leq b) = P\left(\frac{a-m}{\sigma} \leq Z \leq \frac{b-m}{\sigma}\right)$$

$$P(2.4 \leq X \leq 2.6) = P\left(\frac{2.4-2}{0.4} \leq Z \leq \frac{2.6-2}{0.4}\right)$$

$$= P\left(\frac{0.4}{0.4} \leq Z \leq \frac{0.6}{0.4}\right)$$

$$= P\left(1 \leq Z \leq \frac{3}{2}\right) = P(1 \leq Z \leq 1.5)$$

그러니 이제 확률 $P(1 \leq Z \leq 1.5)$를 구하면 되겠지? 먼저 0에 대해 대칭인 표준정규분포의 확률밀도 함수에 $P(1 \leq Z \leq 1.5)$를 나타내면 다음과 같아.

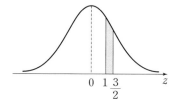

이제 색칠된 부분의 넓이로 확률을 구하면 돼. 주어진 표준정규분포표를 이용하기 위해서는 $P(1 \leq Z \leq 1.5)$를 0부터 시작하는 범위로 바꿔야 해. 어떻게? 아래처럼 $P(0 \leq Z \leq 1.5)$에서 $P(0 \leq Z \leq 1)$를 빼면 되잖아.

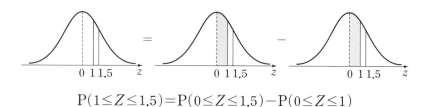

$$P(1 \leq Z \leq 1.5) = P(0 \leq Z \leq 1.5) - P(0 \leq Z \leq 1)$$

해당하는 확률을 문제에 있는 표준정규분포표에서 찾아 계산해 보자.

$$P(0 \leq Z \leq 1.5) = 0.4332, \ P(0 \leq Z \leq 1) = 0.3413$$

$$P(1 \leq Z \leq 1.5) = P(0 \leq Z \leq 1.5) - P(0 \leq Z \leq 1)$$

$$= 0.4332 - 0.3413 = 0.0919$$

 정답 ⑤

읽기만
해도
2등급

11 모평균의 추정

모평균의 신뢰구간만 외워라!

3점 혹은 4점짜리 문제 초반부에 출제되는 단순 계산 유형의 문제야. 빨리 풀어 내야 해.
모평균의 신뢰구간을 구하는 공식에 문제의 조건을 대입만 해주면 바로 답이 나와. 그러니 모
평균의 신뢰구간을 구하는 공식이 무엇인지, 공식에 필요한 값들이 무엇인지 정확히 외워 두자
고! 하지만 문제를 풀 때 그 공식이 도출된 원리가 기억나지 않는다고 끙끙 앓을 필요는 없어.
수능에서 절대 그 원리까지 묻진 않을 테니까.

기출유형

01

어느 농가에서 생산하는 석류의 무게는 평균이 m, 표준편차가 35인 정규분포를 따른다고 한다. 이 농가에서 생산하는 석류 중에서 임의 추출한, 크기가 49인 표본을 조사했더니 석류 무게의 표본평균의 값이 $\bar{x}$이었다. 이 결과를 이용하여, 이 농가에서 생산하는 석류 무게의 평균 m에 대한 신뢰도 99%의 신뢰구간을 구하면 $\bar{x}-c \leq m \leq \bar{x}+c$이다. c의 값은? (단, 무게의 단위는 g이고, Z가 표준정규분포를 따르는 확률변수일 때 $P(0 \leq X \leq 2.58)=0.495$로 계산한다.) [4점]

① 25.8　　② 21.5　　③ 17.2　　④ 12.9　　⑤ 8.6

문제가 길지만 결국 정해진 풀이가 있어. 필요한 조건만 체크하며 읽으면 돼.

우선 농가에서 생산한 전체 석류의 무게가 평균 m, 표준편차가 35인 정규분포를 따른다고 해. 조사의 대상이 되는 전체 집단을 모집단, 그 모집단의 평균을 모평균이라 하지. 여기서는 생산하는 전체 석류가 모집단, 그 석류들의 무게의 평균 m이 바로 모평균이 되겠지?

이 석류들을 임의 추출하여 크기가 49인 표본을 조사했더니 표본평균이 $\bar{x}$라고 했잖아. 이건 전체 석류에서 49개를 추출해 표본을 만들었는데 그 표본의 평균이 $\bar{x}$라는 뜻이야.

이 표본평균 $\bar{x}$를 이용해 농가에서 생산된 전체 석류의 무게의 평균 m에 대한 신뢰도 99%의 신뢰구간을 구하면 $\bar{x}-c \leq m \leq \bar{x}+c$야.

말이 길어서 헷갈리니? 그냥 쉽게 말하면 전체 석류의 무게의 평균인 모평균

> 표본의 크기란 모집단에서 몇 개의 대상을 뽑아서 표본을 만들었는지를 의미해.

m을 조사하기는 어려우니, 49개만 추출해 표본을 만들고 그 표본의 평균 $\overline{x}$ 를 구해서 역으로 모평균 m을 추정하면 $\overline{x}-c \leq m \leq \overline{x}+c$ 구간에 속할 가능성이 99% 된다는 의미야.

여기서 잠깐 모평균의 신뢰구간 공식을 짚고 갈까?
모평균이 m, 표준편차가 σ인 모집단이 정규분포를 따르고, 표본의 크기가 n인 표본의 표본평균이 $\overline{x}$일 때, 모집단의 평균인 모평균 m의 신뢰구간은 다음과 같아.

$$\text{1. 신뢰도 } 95\% \text{인 신뢰구간} : \overline{x}-1.96\frac{\sigma}{\sqrt{n}} \leq m \leq \overline{x}+1.96\frac{\sigma}{\sqrt{n}}$$

$$\mathrm{P}(-1.96 \leq Z \leq 1.96) = 0.95$$

$$\text{2. 신뢰도 } 99\% \text{인 신뢰구간} : \overline{x}-2.58\frac{\sigma}{\sqrt{n}} \leq m \leq \overline{x}+2.58\frac{\sigma}{\sqrt{n}}$$

$$\mathrm{P}(-2.58 \leq Z \leq 2.58) = 0.99$$

신뢰도 95%, 99%일 때 모평균의 신뢰구간 공식은 반드시 외워야 문제를 풀 수 있어! 외우기 어렵지 않아. 두 공식의 차이는 $\frac{\sigma}{\sqrt{n}}$에 곱하는 상수가 1.96, 2.58로 다르다는 것뿐이잖아. 그런데 군이 이 상수를 외울 필요 없어. 왜냐하면 문제에서 항상 이 수치를 주거든. 그 수치를 보고 신뢰도에 맞는 상수를 선택하면 돼.

다시 문제로 돌아올까? 신뢰구간 공식을 살펴봤으니 이제 본격적으로 신뢰도 99%인 신뢰구간 $\overline{x}-c \leq m \leq \overline{x}+c$을 구해 보자.
문제에 $\mathrm{P}(0 \leq Z \leq 2.58) = 0.495$가 주어졌어. 표준정규분포를 따르는 확률변수 Z는 다음 그림과 같이 0에 대해 대칭이지?

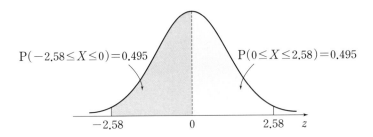

$P(-2.58 \leq X \leq 0) = 0.495$ $P(0 \leq X \leq 2.58) = 0.495$

-2.58   0   2.58 z

그래서 $P(-2.58 \leq Z \leq 0)$와 $P(0 \leq Z \leq 2.58)$는 같아.

$P(-2.58 \leq Z \leq 2.58) = P(-2.58 \leq Z \leq 0) + P(0 \leq Z \leq 2.58)$

$= 0.495 + 0.495 = 0.99$이지? 신뢰도 99%인 신뢰구간 공식도 떠올려 봐.

$\overline{x} - 2.58 \dfrac{\sigma}{\sqrt{n}} \leq m \leq \overline{x} + 2.58 \dfrac{\sigma}{\sqrt{n}}$ 이거지? 이 공식에 주어진 조건을 대입해

보자.

표본의 크기 $n = 49$, 표준편차 $\sigma = 35$

$$\overline{x} - 2.58 \frac{35}{\sqrt{49}} \leq m \leq \overline{x} + 2.58 \frac{35}{\sqrt{49}}$$

$$\overline{x} - 2.58 \frac{35}{7} \leq m \leq \overline{x} + 2.58 \frac{35}{7}$$

$$\overline{x} - 2.58 \times 5 \leq m \leq \overline{x} + 2.58 \times 5$$

$$\overline{x} - 12.9 \leq m \leq \overline{x} + 12.9$$

문제에 주어진 농가에서 생산된 석류의 무게의 평균 m에 대한 신뢰도 99%

의 신뢰구간은 $\overline{x} - c \leq m \leq \overline{x} + c$니까 $c = 12.9$야.

 정답 ④

02

어느 회사 직원들의 하루 여가 활동 시간은 모평균이 m, 모표준편차가 12인 정규분포를 따른다고 한다. 이 회사 직원 중 n명을 임의 추출하여 신뢰도 95%로 추정한 모평균 m에 대한 신뢰구간이 $[31.68, 39.52]$ 일 때, n의 값은? (단, 시간의 단위는 분이고, Z가 표준정규분포를 따르는 확률변수일 때 $P(0 \le Z \le 1.96) = 0.475$로 계산한다.) [3점]

① 25 ② 36 ③ 49 ④ 64 ⑤ 81

이 문제 역시 기본유형에 맞춰 진행되고 있어. 쓱 읽어 보자. 어느 회사 전체 직원들이 모집단으로 그 모집단의 하루 여가 활동 시간의 평균(모평균)이 m, 또 모집단의 표준편차(모표준편차)가 12인 정규분포를 따른다고 해.

이 모집단에서 n명을 추출해 신뢰도 95%로 모평균을 추정했더니 신뢰구간이 $[31.68, 39.52]$일 때, 표본의 크기 n의 값을 묻고 있어. 바로 모평균의 신뢰구간 공식을 이용할 수 있겠지?

문제 마지막 줄에 $P(0 \le Z \le 1.96) = 0.475$라는 조건이 주어졌으니까, 표준정규분포를 따르는 Z의 대칭성에 따라 아래와 같아.

$$P(-1.96 \le Z \le 1.96) = P(-1.96 \le Z \le 0) + P(0 \le Z \le 1.96)$$
$$= 0.475 + 0.475 = 0.95$$

모평균이 m, 모표준편차가 σ인 모집단이 정규분포를 따르고 크기가 n인 표본의 표본평균이 $\bar{x}$일 때, 신뢰도 95%인 모평균 m의 신뢰구간 공식을 떠올려 주어진 조건을 대입해 볼까?

$$\text{모표준편차} : \sigma = 12, \text{ 표본의 크기} : n$$

$$\bar{x} - 1.96\frac{\sigma}{\sqrt{n}} \leq m \leq \bar{x} + 1.96\frac{\sigma}{\sqrt{n}}$$

$$\bar{x} - 1.96\frac{12}{\sqrt{n}} \leq m \leq \bar{x} + 1.96\frac{12}{\sqrt{n}}$$

그런데 문제에서 이 신뢰구간이 $[31.68,\ 39.52]$라고 했어. $[31.68,\ 39.52]$는 구간 $31.68 \leq m \leq 39.52$를 기호로 나타낸 거잖아. 이걸 위에서 방금 구한 구간과 같이 비교해 봐.

$$[31.68,\ 39.52] = 31.68 \leq m \leq 39.52$$

$$\bar{x} - 1.96\frac{12}{\sqrt{n}} \leq m \leq \bar{x} + 1.96\frac{12}{\sqrt{n}}$$

위의 두 식이 같은 식이 되려면 m의 좌변, 우변을 맞추어 줘야겠지? m의 좌변은 $31.68 = \bar{x} - 1.96\frac{12}{\sqrt{n}}$로, m의 우변은 $39.52 = \bar{x} + 1.96\frac{12}{\sqrt{n}}$로 같아야 해. 그런데 문제에서 묻고 있는 것은 표본의 크기 n이야. 자, 이럴 때는 이 두 식을 서로 빼서 $\bar{x}$를 소거해 주면 돼.

$$39.52 = \bar{x} + 1.96\frac{12}{\sqrt{n}}, \ \ 31.68 = \bar{x} - 1.96\frac{12}{\sqrt{n}}$$

$$
\begin{array}{r|l}
 & 39.52 = \bar{x} + 1.96\dfrac{12}{\sqrt{n}} \\[2ex]
- & 31.68 = \bar{x} - 1.96\dfrac{12}{\sqrt{n}} \\
\hline
\end{array}
$$

$$7.84 = 1.96\frac{12}{\sqrt{n}} + 1.96\frac{12}{\sqrt{n}}$$

$$7.84 = 2 \times 1.96\frac{12}{\sqrt{n}}$$

$$7.84\sqrt{n} = 2 \times 1.96 \times 12$$

$$\sqrt{n} = \frac{2 \times 1.96 \times 12}{7.84} = 6$$

$$n = 36$$

 정답 ②

성공은 매일 무던히 반복된
작은 노력들의 합산이다.

- 괴테

읽기만
해도
2등급

12 극한을 이용한 미정계수 결정

극한이 어떤 부정형인지를
파악하고 그에 맞게 계산하라!

4점짜리 문제로 출제되는 유형이야. 함수의 극한값이 주어지는데, 이를 이용해서 거꾸로 함수의 식을 찾아야 돼. 우선 극한이 바로 계산되는 형태인지, 아니면 극한값이 어떻게 계산될지 바로 알 수 없는 부정형인지를 파악해 보는 거야. 만약 부정형이라면 그 형태에 맞는 계산을 해줘야 돼.

수능에서 묻는 극한의 부정형 형태 $\dfrac{0}{0}$과 $\dfrac{\infty}{\infty}$에 대해 알아 두고, 각 부정형 형태는 어떻게 계산하는지 정리해 두도록!

최고차항의 계수가 2인 이차함수 $f(x)$가

$$\lim_{x \to a} \frac{f(x)-(x-a)}{f(x)+(x-a)} = -1$$

을 만족시킨다. 방정식 $f(x)=0$의 두 근을 α, β라 할 때, $\alpha - \beta$의 값은? (단, a는 상수이다.) [4점]

① $\dfrac{1}{2}$ ② $\dfrac{1}{3}$ ③ $\dfrac{1}{4}$ ④ $\dfrac{1}{5}$ ⑤ 0

문제에서 함수 $f(x)$가 그냥 다항함수가 아닌 최고차항의 계수가 2인 이차

함수라 알려 줬어. 무척 중요한 조건이야. 이걸 직접 이용해야 되거든.

이 함수의 극한은 다음과 같대.

$$\lim_{x \to a} \frac{f(x)-(x-a)}{f(x)+(x-a)} = -1$$

이건 x가 a로 한없이 가까워질 때 값을 구하는 것이지? x에 a를 넣어 봐.

$$\frac{f(a)-(a-a)}{f(a)+(a-a)} = \frac{f(a)-0}{f(a)+0} = \frac{f(a)}{f(a)}$$

그런데 이렇게 $\dfrac{f(a)}{f(a)}$라면 분모와 분자가 같기 때문에 값이 1일 텐데, 문제에

서는 이 극한값이 -1이라고 주어졌어. 문제가 잘못된 걸까?

그건 아니야. 만약 $f(a)=0$이라면 극한 $\lim\limits_{x \to a} \dfrac{f(x)-(x-a)}{f(x)+(x-a)} = \dfrac{f(a)}{f(a)}$

$=\dfrac{0}{0}$ 형태로 부정형이 돼서, 극한값이 하나로 정해지지 않고 분모와 분자의

관계에 따라 다양한 결과를 가질 수 있게 되잖아. $\dfrac{0}{0}$ 형태의 극한을 몇 개 예

로 더 들어 볼게.

$$\lim_{x \to 0} \frac{x^3}{x^2} = \lim_{x \to 0} x = 0,$$

$$\lim_{x \to 0} \frac{2x^2 + 4x}{x^2 - x} = \lim_{x \to 0} \frac{2x(x+2)}{x(x-1)} = \lim_{x \to 0} \frac{2(x+2)}{(x-1)} = -4$$

이처럼 다양한 결과가 나올 수 있어.

따라서 주어진 극한 $\lim_{x \to a} \dfrac{f(x)-(x-a)}{f(x)+(x-a)}$ 가 -1의 값을 갖기 위해서는

$f(a)=0$이어서 $\dfrac{0}{0}$ 형태의 부정형이 되어야 돼.

그런데 문제에서는 이차식 $f(x)=0$의 두 근을 α, β라 하고 있어. 그러니

$f(\alpha)=0$, $f(\beta)=0$인데, 혹시 알아챘니? $f(a)=0$이니 a도 $f(x)=0$의

한 근이라는 것을? 즉, $f(x)=0$의 두 근 α, β 중 하나가 a라는 거지. 일단

$\alpha=a$라고 가정하고 문제를 풀게.

문제에서 '최고차항의 계수가 2인 이차함수 $f(x)$'라고 했잖아. 그러니까

$f(\alpha)=0$, $f(\beta)=0$인 최고차항의 계수가 2인 이차함수 $f(x)$를 인수분해

해서 나타내면 아래와 같아.

$$f(x) = 2(x-a)(x-\beta)$$

이걸 문제에 주어진 극한식에 대입해 봐. 공통으로 존재하는 $(x-a)$로 묶어

주면 다음과 같이 분모, 분자가 $(x-a)$으로 약분 돼.

$$\lim_{x \to a} \frac{f(x)-(x-a)}{f(x)+(x-a)} = \lim_{x \to a} \frac{2(x-a)(x-\beta)-(x-a)}{2(x-a)(x-\beta)+(x-a)}$$

$$=\lim_{x\to a}\frac{(x-a)\{2(x-\beta)-1\}}{(x-a)\{2(x-\beta)+1\}}$$

$$=\lim_{x\to a}\frac{\{2(x-\beta)-1\}}{\{2(x-\beta)+1\}}$$

이제 $\lim\limits_{x\to a}$ 극한 계산을 위해 x에 a를 넣어 봐. 더 이상 부정형이 아니야.

$$\lim_{x\to a}\frac{f(x)-(x-a)}{f(x)+(x-a)}=\lim_{x\to a}\frac{\{2(x-\beta)-1\}}{\{2(x-\beta)+1\}}$$

$$=\frac{\{2(a-\beta)-1\}}{\{2(a-\beta)+1\}}$$

그런데 이 극한값이 -1이라고 문제에 주어졌잖아.

$$\frac{\{2(a-\beta)-1\}}{\{2(a-\beta)+1\}}=-1$$

$$\frac{2a-2\beta-1}{2a-2\beta+1}=-1$$

$$2a-2\beta-1=-(2a-2\beta+1)$$

$$2a-2\beta-1=-2a+2\beta-1$$

$$4a-4\beta=0$$

$$a-\beta=0$$

우리는 $\alpha=a$로 가정해 풀었으니 문제에서 묻는 $\alpha-\beta$는 $a-\beta$와 같겠지?

$$\alpha-\beta=a-\beta=0$$

$\alpha-\beta=0$이란 뜻은 두 근 $\alpha,\ \beta$가 같다는 거야. 그래서 만약 a를 두 근 중 β로 가정하고 풀었어도 전혀 상관 없어. 어차피 두 근 $\alpha,\ \beta$가 같기 때문이지.

 정답 ⑤

기출유형

02

다항함수 $f(x)$가 다음 조건을 만족시킬 때, $f(1)$의 값을 구하시오.

[4점]

(가) $\lim\limits_{x \to \infty} \dfrac{f(x) - x^3}{2x^2} = 3$

(나) $\lim\limits_{x \to 0} \dfrac{f(x)}{x} = 5$

앞 문제와 달리 함수 $f(x)$가 그냥 '다항함수'라고만 나오지? 그리고 두 가지 함수의 극한을 알려 주면서 $f(1)$의 값을 묻고 있어. 우선 조건 (가)를 봐.

$$\lim\limits_{x \to \infty} \dfrac{f(x) - x^3}{2x^2} = 3$$

x의 값이 무한대 ∞로 커질 때 분모 $2x^2$의 값도 무한대 ∞로 커진다는 것을 알 수 있어. 그런데 극한값이 3으로 존재하려면 분자 $f(x) - x^3$도 무한대 ∞로 커져서 $\dfrac{\infty}{\infty}$ 형태의 부정형이 되어야 해.

$\dfrac{\infty}{\infty}$의 극한 형태도 부정형으로 결과가 하나로 바로 정해지지 않고 분모와 분자의 관계에 따라 다양한 결과를 가질 수 있거든.

예를 들어 볼게.

① 분자의 최고차항의 차수가 분모의 최고차항의 차수보다 커서 분자가 더 빨리 ∞로 커질 때, 극한은 ∞로 발산해.

$$\lim_{x \to \infty} \frac{x^3}{x^2} = \lim_{x \to \infty} x = \infty$$

② 분자의 최고차항의 차수가 분모의 최고차항의 차수보다 작아 분모가 더 빨리 ∞로 커질 때, 극한은 0으로 수렴해.

$$\lim_{x \to \infty} \frac{x^2}{x^3} = \lim_{x \to \infty} \frac{1}{x} = 0$$

③ 분자의 최고차항의 차수와 분모의 최고차항의 차수가 같아 서로 같은 속도로 ∞로 커질 때, 극한은 수렴하고 그 값은 분모의 최고차항으로 나눠서 계산해.

$$\lim_{x \to \infty} \frac{2x^2 + 4x}{x^2 - x} = \lim_{x \to \infty} \frac{2 + \dfrac{4x}{x^2}}{1 - \dfrac{x}{x^2}} = \lim_{x \to \infty} \frac{2 + \dfrac{4}{x}}{1 - \dfrac{1}{x}} = 2$$

다시 문제로 돌아오자.

조건 (가)의 극한 $\lim_{x \to \infty} \dfrac{f(x) - x^3}{2x^2}$은 $\dfrac{\infty}{\infty}$ 부정형 형태로 극한값이 3으로 수렴하려면 위의 예시 중 ③처럼 분자의 최고차항의 차수와 분모의 최고차항의 차수가 같아야 돼. 즉, 분자 $f(x) - x^3$은 분모 $2x^2$과 같은 이차식이어야 하는 거지. 그런데 분자 $f(x) - x^3$가 이차식이려면 함수 $f(x)$가 x^3을 포함하는 다음과 같은 삼차함수로 놓고 풀어야 하겠지?

$$f(x) = x^3 + ax^2 + bx + c$$

이걸 조건 (가)에 대입해 극한 계산을 직접 해 보자.

$$\lim_{x \to \infty} \frac{f(x)-x^3}{2x^2} = \lim_{x \to \infty} \frac{(x^3+ax^2+bx+c)-x^3}{2x^2}$$

$$= \lim_{x \to \infty} \frac{ax^2+bx+c}{2x^2}$$

$$= \lim_{x \to \infty} \frac{a+\dfrac{b}{x}+\dfrac{c}{x^2}}{2} = \frac{a}{2}$$

(가)의 극한값이 문제에서 3이라 주어졌기 때문에 $\dfrac{a}{2}=3$으로 $a=6$임을 구할 수 있어. 정리하면 함수 $f(x)$는 삼차함수로 구한 a의 값을 넣어 $f(x)=x^3+6x^2+bx+c$야.

이제 조건 (나)를 봐. $\lim_{x \to 0} \dfrac{f(x)}{x}=5$에서 x가 0에 가까워질 때 분모 x도 0으로 향하니 극한값이 5가 되려면 분자 $f(x)$도 0으로 $\dfrac{0}{0}$ 형태의 부정형이어야 돼. 즉, $f(0)=0$이야. 이걸 앞서 구한 식에 대입하면 c값이 나와.

$$f(x)=x^3+6x^2+bx+c$$

$$f(0)=c$$

$$c=0$$

지금까지 구한 $f(x)=x^3+6x^2+bx$로 조건 (나)의 극한 계산을 하자.

$$\lim_{x \to 0} \frac{f(x)}{x} = \lim_{x \to 0} \frac{x^3+6x^2+bx}{x} = \lim_{x \to 0} \frac{x(x^2+6x+b)}{x}$$

$$= \lim_{x \to 0} x^2+6x+b = b$$

조건 (나)의 극한값은 5로 문제에서 주어졌기 때문에 $b=5$야.

구한 a, b, c 값을 모두 넣으면 $f(x)=x^3+6x^2+5x$이지. 답은 $f(1)$ 값이니 여기에 1을 대입하면?

$$f(1)=1^3+6 \times 1^2+5 \times 1=12$$

정답 12

115

13 급수와 정적분

한 줄 분석

급수 $\lim\limits_{n \to \infty} \sum\limits_{k=1}^{n}$ 는

정적분 $\int_{()}^{()} dx$ 로 나타내라!

4점짜리로 문제로 출제되는 유형이야. 급수를 정적분으로 바꿔서 계산할 수 있는지 묻고 있어. 정적분의 정의 자체가 급수로 표현되어 있잖아. 정적분과 급수는 서로 바꿔서 나타낼 수 있거든. 그래서 이 문제를 제대로 풀기 위해서는 정적분의 정의를 이해하고, 그 형태에 맞춰서 급수를 알맞게 바꿔 줄 수 있어야 해.

그렇다고 정의와 원리를 달달 외울 필요는 없어. 단순히 정적분과 급수를 바꾸는 요령만 암기해도 수능에 나오는 문제들을 푸는 데는 전혀 지장이 없으니까. 일단 요령만 알면 문제 푸는 시간도 많이 단축할 수 있어. 요령은 문제를 풀면서 정리할 테니 꼭 기억해 둬!

기출유형

01

함수 $f(x) = 3x^2 - 10x + 7$에 대하여

$\lim\limits_{n \to \infty} \sum\limits_{k=1}^{n} \dfrac{1}{n} f\left(\dfrac{k}{n}\right)$의 값을 구하시오. [4점]

이 유형의 핵심은 뭐라고 했지? 주어진 급수를 정적분으로 바꾸는 것!

$$\lim\limits_{n \to \infty} \sum\limits_{k=1}^{n} \dfrac{1}{n} f\left(\dfrac{k}{n}\right)$$

이 급수를 정적분으로 바꿀 건데, 첫 번째로 해야 할 일은 바뀔 정적분의 변수 x를 정하는 거야. x는 급수에서 다음과 같은 형태로 나타내야 해.

$$a + \dfrac{b}{n} \times k = x$$

주어진 급수 $\lim\limits_{n \to \infty} \sum\limits_{k=1}^{n} \dfrac{1}{n} f\left(\dfrac{k}{n}\right)$에서 함수 f 안의 $\dfrac{k}{n}$가 $a + \dfrac{b}{n} \times k$와 같은 형태라면 $a = 0$, $b = 1$이겠지?

$$a = 0, \ b = 1$$
$$a + \dfrac{b}{n} \times k = 0 + \dfrac{1}{n} \times k = \dfrac{k}{n} = x$$

그러니 $\dfrac{k}{n} = x$로 놓을 수 있어.

이제 두 번째로 우리가 할 일은 정적분의 dx로 바뀔 식을 찾는 거야. dx는

급수에서 다음과 같은 형태를 나타내야 해.

$$\frac{b}{n} = dx$$

여기서 핵심은 정적분의 x로 바뀔 $a + \frac{b}{n} \times k = x$와 b가 같아야 한다는 거야. 이 문제에서는 $a = 0$, $b = 1$일 때 $\frac{k}{n} = x$로 바꾸기로 했으므로 dx는 아래와 같이 나타낼 수 있어.

$$b = 1$$
$$\frac{b}{n} = \frac{1}{n} = dx$$

즉, $\frac{1}{n} = dx$로 바꾸는 거지.

마지막으로 정적분의 적분 구간을 정해야겠지? 급수 $\lim\limits_{n \to \infty} \sum\limits_{k=1}^{n} \frac{1}{n} f\left(\frac{k}{n}\right)$의 $\sum$의 시작인 $k = 1$일 때의 x의 극한값부터, 끝인 $k = n$일 때의 x의 극한값까지가 적분 구간이야. 적분 구간을 구하면 아래와 같아.

$$x = \frac{k}{n}$$

$$k = 1 \text{일 때 } x = \frac{1}{n} \text{로 그 극한값은 } \lim\limits_{n \to \infty} \frac{1}{n} = 0$$

$$k = n \text{일 때 } x = \frac{n}{n} \text{으로 그 극한값은 } \lim\limits_{n \to \infty} \frac{n}{n} = 1$$

이렇게 정적분의 적분 구간은 0부터 1까지임을 알 수 있어. 자, 지금까지 구한 조건들을 정리해 보자!

$$\frac{k}{n} = x$$

$$\frac{1}{n} = dx$$

적분 구간 : $[0, \ 1]$

따라서, 문제의 급수를 정적분으로 바꾸면?

$$\lim_{n \to \infty} \sum_{k=1}^{n} \frac{1}{n} f\left(\frac{k}{n}\right) = \lim_{n \to \infty} \sum_{k=1}^{n} dx f(x) = \int_{0}^{1} f(x) dx$$

여기에 문제에서 주어진 함수 $f(x) = 3x^2 - 10x + 7$을 대입해 정적분 계산을 하면 돼.

$$\lim_{n \to \infty} \sum_{k=1}^{n} \frac{1}{n} f\left(\frac{k}{n}\right) = \int_{0}^{1} f(x) dx = \int_{0}^{1} 3x^2 - 10x + 7 \ dx$$

$$= \left[x^3 - 5x^2 + 7x \right]_{0}^{1}$$

$$= (1^3 - 5 \times 1^2 + 7 \times 1) - (0^3 - 5 \times 0^2 + 7 \times 0)$$

$$= 3$$

 정답 3

기출유형

02

함수 $f(x) = -3x^2 + 2ax$ 가

$$\lim_{n \to \infty} \frac{1}{n} \sum_{k=1}^{n} f\left(\frac{2k}{n}\right) = f(-1)$$

을 만족시킬 때, 상수 $8a$의 값을 구하시오. [4점]

이번에도 문제에 주어진 급수 $\lim\limits_{n \to \infty} \dfrac{1}{n} \sum\limits_{k=1}^{n} f\left(\dfrac{2k}{n}\right)$ 를 정적분으로 바꾸는 게

핵심 포인트! 먼저 정적분의 x로 바뀔 식을 정해야 되겠지?

$a + \dfrac{b}{n} \times k = x$ 의 형태를 갖추도록 함수 f 안의 $\dfrac{2k}{n}$ 전체를 바꾸면 돼. 이때

$a = 0,\ b = 2$ 이면 $\dfrac{2k}{n}$ 와 같아지잖아.

$$a = 0,\ b = 2$$

$$a + \frac{b}{n} \times k = 0 + \frac{2}{n} \times k = \frac{2k}{n} = x$$

이제 정적분의 dx로 바뀔 식을 찾을 건데, $\dfrac{b}{n} = dx$ 형태를 갖춰야지?

아까 x를 정할 때 $b = 2$로 정했기 때문에 아래와 같이 바꾸면 돼.

$$b = 2$$

$$\frac{b}{n} = \frac{2}{n} = dx$$

마지막으로 정적분의 적분 구간은 $\sum$의 시작인 $k=1$일 때의 x의 극한값부터, 끝인 $k=n$일 때의 x의 극한값까지니 이렇게 정리할 수 있어.

$$\frac{2k}{n}=x$$

$k=1$일 때 $x=\dfrac{2}{n}$로 극한값은 $\displaystyle\lim_{n\to\infty}\frac{2}{n}=0$

$k=n$일 때 $x=\dfrac{2n}{n}$으로 극한값은 $\displaystyle\lim_{n\to\infty}\frac{2n}{n}=2$

즉, 적분 구간은 0부터 2까지야. 지금까지 구한 조건들을 정리하자.

$$\frac{2k}{n}=x$$

$$\frac{2}{n}=dx$$

적분 구간 : $[0,\ 2]$

이 조건들을 이용해 문제에 주어진 급수 $\displaystyle\lim_{n\to\infty}\frac{1}{n}\sum_{k=1}^{n}f\left(\frac{2k}{n}\right)$를 정적분으로

바꾸면 되는데… 앗! dx로 바꿔야 할 $\dfrac{2}{n}$ 대신 급수에 $\dfrac{1}{n}$이 있네? 이럴 때는

당황하지 말고, 다음과 같이 급수에 2를 한 번 곱하고 또 한 번 $\dfrac{1}{2}$로 나누어

최종 값은 변하지 않은 상태로 우리가 필요한 $\dfrac{2}{n}$ 형태를 만들면 돼.

$$\lim_{n\to\infty}\frac{1}{n}\sum_{k=1}^{n}f\left(\frac{2k}{n}\right)=\lim_{n\to\infty}\frac{1}{n}\sum_{k=1}^{n}f\left(\frac{2k}{n}\right)\times 2\times\frac{1}{2}$$

$$=\lim_{n\to\infty}\frac{2}{n}\sum_{k=1}^{n}f\left(\frac{2k}{n}\right)\times\frac{1}{2}$$

됐지? 이제 이 급수를 정적분으로 바꾸자.

$$\frac{2k}{n}=x$$

$$\frac{2}{n} = dx$$

적분 구간 : $[0,\ 2]$

$$\lim_{n \to \infty} \frac{2}{n} \sum_{k=1}^{n} f\left(\frac{2k}{n}\right) \times \frac{1}{2} = \lim_{n \to \infty} dx \sum_{k=1}^{n} f(x) \times \frac{1}{2}$$

$$= \int_{0}^{2} f(x)dx \times \frac{1}{2}$$

$$= \frac{1}{2} \int_{0}^{2} f(x)dx$$

그런데 문제에서 이 정적분 값이 함수 $f(x) = -3x^2 + 2ax$의 함숫값 $f(-1)$과 같다고 하잖아. 계산해 볼게.

$$\frac{1}{2} \int_{0}^{2} f(x)dx = f(-1)$$

$$\frac{1}{2} \int_{0}^{2} -3x^2 + 2ax\ dx = -3 \times (-1)^2 + 2a \times (-1)$$

$$\frac{1}{2} \left[-x^3 + ax^2 \right]_{0}^{2} = -3 - 2a$$

$$\frac{1}{2} \{ (-2^3 + a \times 2^2) - (-0^3 + a \times 0^2) \} = -3 - 2a$$

$$\frac{1}{2}(-8 + 4a) = -3 - 2a$$

$$(-8 + 4a) = -6 - 4a$$

$$8a = 2$$

$$a = \frac{1}{4}$$

따라서 문제에서 묻는 $8a$ 값은 $8a = 8 \times \frac{1}{4} = 2$야.

 정답 2

14 위치와 속도, 거리

위치를 미분하면 속도,
속도를 정적분하면 위치 변화량!

3점 혹은 4점 문제 초반부에 출제되는 유형의 문제야. 빠르게 풀고 넘어가야 할 쉬운 문제니까 꼭 익혀 놓자고. 이 유형의 문제는 미분, 적분 활용 단원에 수록된 위치와 속도, 거리 등 수능에 출제되는 몇 가지 개념만 알고 있으면 돼! 간단히 어떤 개념인지만 설명할게.

먼저, 위치 x를 미분하면 속도 v를 구할 수 있고, 속도가 양수이면 수직선 위에서 오른쪽 방향으로, 음수이면 왼쪽 방향으로 움직임을 나타내. 그리고 속도를 정적분하면 위치가 최종적으로 얼마나 변했는지를 나타내는 위치 변화량을 알 수 있어.

거리는 어떨까? 움직인 거리를 구하려면 속도가 음수일 때 왼쪽 방향으로 움직인 위치 변화량, 그리고 속도가 양수일 때 오른쪽 방향으로 움직인 위치 변화량을 각각 따로 구해서 더하면 돼.

01

수직선 위를 움직이는 점 P의 시각 t에서의 위치 x가

$$x = t^2 - 6t$$

이다. $t = a$에서 점 P의 속도가 0일 때, 상수 a의 값은? [4점]

① 1 　　② 2 　　③ 3 　　④ 4 　　⑤ 5

시각 t에서의 점 P의 위치가 $x = t^2 - 6t$로 주어졌어. 위치 x를 미분하면 속도 v를 얻을 수 있잖아.

$$x = t^2 - 6t$$
$$v = 2t - 6$$

이때 $t = a$에서 점 P의 속도가 0이라고 했지.

즉, $t = a$에서 속도는 아까 구한 속도 v 식의 t에 a를 대입한 값이니까

$v = 2a - 6$이 0이란 뜻이야.

그러니 a의 값은 $2a - 6 = 0$으로 놓으면 금방 나와. 간단하게 풀리는 문제니까 꼭 맞히고 넘어가자고.

$$2a - 6 = 0$$
$$2a = 6$$
$$a = 3$$

 정답 ③

기출유형

02

수직선 위를 움직이는 점 P의 시각 t $(t \geq 0)$에서의 속도 $v(t)$가

$$v(t) = -2t + 6$$

이다. $t = 0$부터 $t = 4$까지 점 P가 움직인 거리는? [3점]

① 8   ② 9   ③ 10   ④ 11   ⑤ 12

문제를 읽어 봐. 이번에는 시각 t에서의 점 P의 속도 v가 $v(t) = -2t + 6$

로 주어졌어. 이때 시각 $t = 0$부터 $t = 4$까지 점 P의 움직인 거리를 묻고 있어.

앞에서 설명한 요령 기억나니?

움직인 거리를 구하기 위해서는 속도가 음수일 때 수직선 위에서 왼쪽으로 움

직인 위치 변화량과 속도가 양수일 때 오른쪽으로 움직인 위치 변화량을 따로

구해서 모두 더해야 한다고 했잖아. 속도가 언제 양수인지, 음수인지를 파악

하려면 속도 $v(t) = -2t + 6$의 그래프를 아래처럼 그려 봐야 돼.

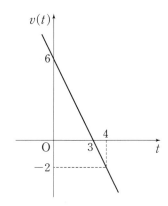

속도 $v(t) = -2t + 6$은 $t = 0$일 때 $v(t)$의 값은 6, $t = 4$일 때 $v(t)$의 값이 -2이야. 또 $v(t) = 0$이 될 때 t의 값이 3이므로 $v(t)$의 그래프가 이렇게 그려지는 거지.

그래프에서 보이듯 시각 t가 0부터 3까지는 속도가 양수잖아. 이건 점 P가 수직선 위에서 오른쪽으로 움직이고, t가 3일 때 속도가 0이 되어 잠깐 멈춘다는 거야. 또, 그래프에서 t가 3보다 커질 때부터는 속도가 음수지? 이건 수직선 위에서 t가 운동 방향을 바꿔 왼쪽으로 움직인다는 거야. 시각 t가 0부터 3까지 오른쪽 방향으로 움직인 위치 변화량을 구하기 위해 속도 $v(t)$를 정적분하자.

$$\int_0^3 -2t + 6 \, dt = \left[-t^2 + 6t \right]_0^3$$
$$= (-3^2 + 6 \times 3) - (-0^2 + 6 \times 0)$$
$$= -9 + 18 = +9$$

이건 $+9$만큼 위치가 변화했다는 뜻으로, 오른쪽 방향으로 9만큼 움직였다는 거야. 이제 t가 3부터 4까지 왼쪽 방향으로 움직인 위치 변화량을 구하기 위해 다시 적분할 차례야.

$$\int_3^4 -2t + 6 \, dt = \left[-t^2 + 6t \right]_3^4$$
$$= (-4^2 + 6 \times 4) - (-3^2 + 6 \times 3)$$
$$= (-16 + 24) - (-9 + 18)$$
$$= 8 - 9 = -1$$

값이 -1이지? 왼쪽 방향으로 1만큼 움직였다는 뜻이야. 따라서 문제에서 묻는 시각 $t = 0$부터 $t = 4$까지 점 P의 총 움직인 거리는 오른쪽 방향으로 움직인 9와 왼쪽 방향으로 움직인 1을 더해 10이야. 문제는 다 풀었어.

여기서 많은 학생들이 자주 빠지는 함정이 있어. 만약 이 문제를 보고 $t=0$부터 $t=4$까지 점 P의 단순히 위치 변화량을 구하려는 생각으로 속도를 통째로 적분해 버리면 아래와 같이 나올 거야.

$$\int_0^4 -2t+6 \, dt = \left[-t^2+6t \right]_0^4$$
$$= (-4^2+6\times4) - (-0^2+6\times0)$$
$$= 8-0 = +8$$

하지만 이렇게 구하면 문제에서 요구하는 '총 움직인 거리'가 아니라 오른쪽 방향으로 $+9$만큼 가고 왼쪽 방향으로 -1만큼 가서 최종적으로 $+8$만큼 위치가 변한 수치가 나오니 조심하자!

보너스로 한 가지만 더! 정적분을 한다는 것은 x축과 함수 $v(t)$ 그래프 사이의 넓이를 구하는 것과 같아. 물론 함수 $v(t)$가 0보다 작은 값으로 x축 밑에 있을 때는 정적분하면 음의 값이 나오니 엄밀히 넓이라고 하면 안 되지. 하지만 그 정적분의 절댓값은 결국 넓이와 같긴 해.

그래서 앞에서 푼 것처럼 속도를 직접 정적분해도 되지만, 더 간편하게 x축과 함수 $v(t)$ 그래프 사이의 삼각형 모양의 넓이를 구하는 것도 좋은 방법이지.

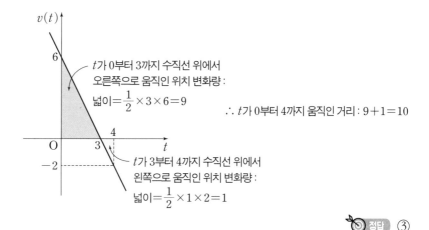

t가 0부터 3까지 수직선 위에서 오른쪽으로 움직인 위치 변화량 : 넓이 $= \frac{1}{2} \times 3 \times 6 = 9$

$\therefore$ t가 0부터 4까지 움직인 거리 : $9+1=10$

t가 3부터 4까지 수직선 위에서 왼쪽으로 움직인 위치 변화량 : 넓이 $= \frac{1}{2} \times 1 \times 2 = 1$

정답 ③

15 **접선**의 방정식

미분계수 $f'(x)$는 $x=a$에서의 접선의 기울기!

주로 주관식 4점짜리 문제로 출제돼. 기본적인 접선의 방정식 개념을 알아야 해.

함수 $y=f(x)$ 위의 점에서의 접선의 방정식과 그 접선과 수직인 직선의 방정식을 어떻게 구하는지 꼭 익혀 놓도록!

기출유형

01

곡선 $y=x^2+ax+b$ 위의 점 $(1,\ 4)$에서의 접선과 수직인 직선의 기울기가 $-\dfrac{1}{3}$이다. 두 상수 $a,\ b$에 대하여 $b-a$의 값을 구하시오. [4점]

문제에서 점 $(1,\ 4)$는 곡선 $y=x^2+ax+b$ 위의 점이라고 하지? 그럼 우리는 이 식에 $x=1,\ y=4$을 대입해 보자.

$$4=1^2+a\times1+b$$
$$4=1+a+b$$
$$a+b=3$$

그리고 $(1,\ 4)$에서의 접선과 수직인 직선의 기울기가 $-\dfrac{1}{3}$이라고 하네.

여기서 잠깐 이 유형을 풀 때 필요한 개념들을 정리하고 넘어갈게.

예를 들어 함수 $y=f(x)$ 위의 점 $(1,\ f(1))$에서의 접선의 기울기는 $f'(1)$이야. 이 점에서의 접선의 방정식은 점 $(1,\ f(1))$을 지나고 기울기가 $f'(1)$인 직선의 방정식이므로 $y-f(1)=f'(1)(x-1)$이야.

우리는 이 점에서의 접선과 수직인 직선의 방정식도 구할 수 있어야 돼.

만약에 두 직선이 서로 수직이라면 두 직선의 기울기를 곱하면 -1이 성립하지? 점 $(1,\ f(1))$에서의 접선은 기울기가 $f'(1)$이므로 이 접선과 수직인 직선의 기울기를 m이라 하면 다음과 같아.

> 수1에서 배웠던 개념이야.
> 한 점 $(x_1,\ y_1)$을 지나고 기울기가 m인 직선의방정식은
> $y-y_1=m(x-x_1)$

$$f'(1) \times m = -1$$

$$m = -\frac{1}{f'(1)}$$

따라서 점 $(1,\ f(1))$에서의 접선과 수직인 직선은 기울기가 $-\dfrac{1}{f'(1)}$이고,

이 직선도 점 $(1,\ f(1))$을 지나기 때문에 이 직선의 방정식은

$$y - f(1) = -\frac{1}{f'(1)}(x-1)$$이야.

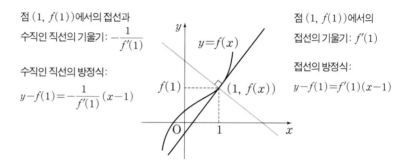

점 $(1,\ f(1))$에서의 접선과
수직인 직선의 기울기: $-\dfrac{1}{f'(1)}$

수직인 직선의 방정식:

$$y - f(1) = -\frac{1}{f'(1)}(x-1)$$

점 $(1,\ f(1))$에서의
접선의 기울기: $f'(1)$

접선의 방정식:

$$y - f(1) = f'(1)(x-1)$$

자, 다시 문제로 돌아오자. 점 $(1,\ 4)$에서의 접선의 기울기는 $f'(1)$이라고
했었지? $f'(1)$은 함수 $f(x) = x^2 + ax + b$를 미분해 $f'(x)$를 구하고, x
에 1을 대입하면 되잖아.

$$f(x) = x^2 + ax + b$$
$$f'(x) = 2x + a$$
$$f'(1) = 2 \times 1 + a = 2 + a$$

이 접선의 기울기와 수직인 직선의 기울기 m을 곱하면 -1이 성립해야 해.

$$f'(1) \times m = -1$$
$$(2+a) \times m = -1$$
$$m = -\frac{1}{(2+a)}$$

한데 기울기 $m = -\dfrac{1}{(2+a)}$이 문제에서 주어져 있듯이 $-\dfrac{1}{3}$이잖아. 같이

놓고 풀면 a 값이 나오겠지?

$$-\frac{1}{(2+a)} = -\frac{1}{3}$$

$$(2+a) = 3$$

$$a = 1$$

자, a 값을 제일 처음에 구한 $a+b=3$에 대입해 봐. 답이 나올 거야.

$$1+b=3$$

$$b=2$$

따라서, 문제에서 구하려는 $b-a=2-1=1$임을 알 수 있어.

 정답 1

02

곡선 $y=x^3-4x^2+2x+1$ 위의 점 $P(2, \ -3)$에서의 접선이 점 P 가 아닌 점 $(a, \ b)$에서 곡선과 만난다. $a+b$의 값을 구하시오. [4점]

이런 문제를 봤을 때 먼저 간단하게 그래프부터 그려보자 하는 생각이 들면 잘하고 있는 거야.

곡선 $y=x^3-4x^2+2x+1$ 위의 점 $P(2, \ -3)$에서 접선을 그리면 점 P가 아닌 점 $(a, \ b)$에서 곡선과 다시 만난다고 하잖아.

그래프로 나타내면 다음과 같아.

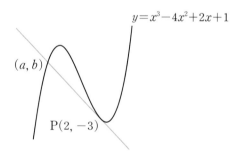

$y=x^3-4x^2+2x+1$

(a, b)

$P(2, -3)$

문제에도 나와 있듯이 점 $(a, \ b)$는 점 $P(2, \ -3)$에서의 접선과 곡선 $y=x^3-4x^2+2x+1$이 만나는 교점 중에서 점 P가 아닌 점이잖아.

먼저 $f(x)=x^3-4x^2+2x+1$ 위의 점 $P(2, \ -3)$에서의 접선의 기울기 $f'(2)$를 구하자.

$$f(x) = x^3 - 4x^2 + 2x + 1$$

$$f'(x) = 3x^2 - 8x + 2$$

$$f'(2) = 3 \times 2^2 - 8 \times 2 + 2 = -2$$

따라서, 점 $P(2, \ -3)$에서의 접선의 방정식은 이렇게 정리할 수 있어.

기울기 : $f'(1) = -2$, 지나는 점 : $(2, \ -3)$

$$y - (-3) = f'(1)(x - 2)$$

$$y + 3 = -2(x - 2)$$

$$y + 3 = -2x + 4$$

$$y = -2x + 1$$

이제 이 직선 $y = -2x + 1$과 곡선 $y = x^3 - 4x^2 + 2x + 1$의 교점을 구해야 겠지? 교점이란 두 함수 위에 공통으로 존재하는 점이잖아. 교점의 x좌표와 y좌표는 두 함수 식을 동시에 만족시켜. 이 말은 즉 교점이 두 함수 식을 공통으로 만족시키는 연립방정식의 해도 된다는 거야.

$$\begin{cases} y = -2x + 1 \\ y = x^3 - 4x^2 + 2x + 1 \end{cases}$$

자, 그럼 두 식을 대입하여 연립방정식으로 풀어 보자.

$$x^3 - 4x^2 + 2x + 1 = -2x + 1$$

$$x^3 - 4x^2 + 4x = 0$$

$$x(x^2 - 4x + 4) = 0$$

$$x(x - 2)^2 = 0$$

$$\therefore \ x = 0 \ 또는 \ x = 2$$

연립방정식의 해가 두 개지? 이는 교점이 두개이며, 교점 중 하나의 x 좌표가 $x=0$이고 다른 하나는 $x=2$임을 의미해.

그런데 점 (a, b)는 두 교점 중 x 좌표가 2인 점 P가 아닌 점이므로 $x=0$ 일 때라는 것을 알아챘니?

문제에서 구하고자 하는 점 (a, b)의 x 좌표 a는 0이고, 이 점은 접선 $y=-2x+1$과 곡선 $y=x^3-4x^2+2x+1$ 위의 점이잖아. 그래서 이때 y 좌표 b는 x 좌표인 0을 어디에 대입해도 1임을 알 수 있어. 그러므로 문제에서 요구하는 $a+b$의 값은?

$$a+b=0+1=1$$

 정답 1

똑같은 생각과 일을 반복하면서 다른 결과가 나오기를
기대하는 것보다 더 어리석은 일은 없다.

- 아인슈타인

읽기만
해도
2등급

16 집합의 연산과 부분집합

한 줄 분석

수능에 출제되는
몇 가지 개념을 정리하라!

주로 3점짜리나 4점짜리 문제 초반부에 출제돼. 절대 틀리면 안 되는 쉬운 유형이야.

집합의 연산에 대한 성질과 부분집합의 개수를 구하는 원리만 알고 있으면 돼!

기출유형

01

전체집합 $U=\{x\,|\,x$는 9 이하의 자연수$\}$의 두 부분집합

$$A=\{3,\ 6,\ a\},\ B=\{b-2,\ 8,\ 9\}$$

에 대하여

$$A\cap B^C=\{6,\ 7\}$$

이다. 두 자연수 $a,\ b$의 곱 ab를 구하시오. [3점]

전체집합 U는 9 이하의 자연수의 집합이래. 원소나열법으로 나타내면 아래와 같아.

$$U=\{1,\ 2,\ 3,\ 4,\ 5,\ 6,\ 7,\ 8,\ 9\}$$

문제를 보면 전체집합 U의 두 부분집합으로 $A=\{3,\ 6,\ a\}$와

$B=\{b-2,\ 8,\ 9\}$가 주어졌어.

그때 집합 A와, 집합 B의 여집합의 교집합이 $A\cap B^C=\{6,\ 7\}$이라고 해.

유형3에서 알아봤던 개념인데, $A\cap B^C$은 $A-B$와 같다. 기억나?

그래서 $A\cap B^C=A-B=\{6,\ 7\}$로 바꿀 수 있어. 이에 맞게 집합의 관계를 그리면 다음과 같아.

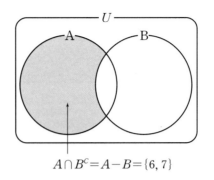

$$A \cap B^c = A - B = \{6, 7\}$$

그림에서 알 수 있듯 집합 A는 원소로 7을 포함해야 하므로, 문제에 주어진 집합 $A = \{3,\ 6,\ a\}$에서 a는 7이어야 해. 집합 A의 원소 중 $A - B = \{6,\ 7\}$에 포함되지 않은 3은 당연히 $A \cap B$에 포함되겠지?

$A \cap B = \{3\}$이면 집합 B에도 원소 3이 포함되어야 해.

그러니 문제에 주어진 집합 $B = \{b-2,\ 8,\ 9\}$에서 원소 $b-2$의 정체는 바로 3이었던 거야! $b - 2 = 3$이니까 b는 5임을 알 수 있어. 따라서, 문제에서 구하라는 두 자연수 a와 b의 곱은?

$$ab = 7 \times 5 = 35$$

 정답 35

기출유형

02

전체집합 $U = \{1,\ 2,\ 3,\ 4,\ 5,\ 6,\ 7,\ 8,\ 9\}$의 두 부분집합
$A = \{1,\ 2\}$, $B = \{3,\ 4,\ 5\}$에 대하여
$$X \cap A^c = X,\ \ X \cup B = X$$
를 만족시키는 U의 모든 부분집합 X의 개수를 구하시오. [4점]

4점짜리로 아까보다는 조금 더 까다로운 문제야. 전체집합 $U = \{1,\ 2,\ 3,$ $4,\ 5,\ 6,\ 7,\ 8,\ 9\}$의 두 부분집합 $A = \{1,\ 2\}$와 $B = \{3,\ 4,\ 5\}$에 대해 다음 두 가지 집합의 연산을 만족시키는 U의 모든 부분집합 X개수를 묻고 있어.

$$X \cap A^c = X$$
$$X \cup B = X$$

우선, 주어진 이 두 가지 집합의 연산을 하나씩 파악하며 부분집합 X의 조건을 구해 볼게.

첫 번째. $X \cap A^c = X$에서 좌변을 먼저 바꾸면 $X \cap A^c = X - A$가 되지? 집합 X에서 집합 A를 뺀 결과가 다시 집합 X와 같기 위해서는 다음 그림과 같이 두 집합은 서로 교집합이 없어야 돼. $X \cap A = \varnothing$인 거지.

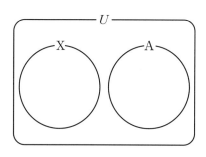

두 번째. 문제에 주어진 $X \cup B$를 봐. 집합 X와 B의 합집합이 다시 집합 X와 같기 위해서는 아래와 같이 집합 X가 B보다 더 커서 집합 B를 부분집합으로 포함해야 해.

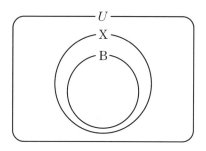

정리하면 집합 X는 집합 A와 교집합은 없어야 하고($X \cap A = \varnothing$), 집합 B는 부분집합($B \subset X$)으로 포함하는 것이지. 따라서 집합 X는 전체집합 $\{1, 2, 3, 4, 5, 6, 7, 8, 9\}$ 중 원소로 집합 A에 속한 1, 2는 가질 수 없어. 하지만 집합 B에 속한 3, 4, 5는 무조건 가져야 돼.

즉, 집합 X는 원소로 일단 3, 4, 5를 무조건 포함한 상태 $X = \{3, 4, 5, \cdots\}$에서 원소 6, 7, 8, 9를 각각 가져도 되고, 안 가져도 돼. 가능한 부분집합 X의 총 개수는 6, 7, 8, 9를 각각 포함하는 경우와 안 포함하는 경우 2가지씩을 곱한 $2 \times 2 \times 2 \times 2 = 16$임을 알 수 있어.

 정답 16

17 급수와 극한의 관계

급수가 수렴하면
극한은 0임을 기억하라!

3점 혹은 4점짜리 문제 초반부에 출제되는 유형이야. 보면 바로 풀 수 있는 간단한 문제니까 여기선 점수를 까먹으면 안 돼.

이 유형은 수열 a_n의 급수가 어떤 값이 되었든 간에 수렴만 하면, 그 수열 a_n의 극한은 항상 0이다라는 개념 하나만 알면 풀 수 있어!

$$급수 \sum_{n=1}^{\infty} a_n 이 수렴하면 극한 \lim_{n \to \infty} a_n = 0$$

사실 수업 시간에는 이 개념에 대한 역은 성립하지 않는다는 것도 반례를 들며 함께 배우긴 하지만, 역 개념은 수능에서는 절대 물어보지 않으니 이 개념만 확실하게 알고 있으면 돼!

수열 $\{a_n\}$에 대하여 급수 $\sum\limits_{n=1}^{\infty}\left(a_n-\dfrac{3n}{n+5}\right)=2$일 때,

$\lim\limits_{n\to\infty}a_n$의 값을 구하시오. [3점]

이 문제에서는 $\sum\limits_{n=1}^{\infty}\left(a_n-\dfrac{3n}{n+5}\right)$이 2로 수렴한다고 주어졌어.

어라? 단순히 급수가 '수렴'한다고만 주어지는 게 아니네? 놀랄 거 없어. 급수가 수렴했다는 조건이 중요한 것이지 그 값이 무엇인지는 문제를 푸는 데 영향을 주지 않아.

급수 $\sum\limits_{n=1}^{\infty}\left(a_n-\dfrac{3n}{n+5}\right)$이 수렴하기 때문에 그 수열의 극한은 0에 수렴한다는 것은 알겠지?

$$\lim_{n\to\infty}\left(a_n-\frac{3n}{n+5}\right)=0$$

우리는 이걸 써먹으면 돼. 문제에서 구하라는 $\lim\limits_{n\to\infty}a_n$을 우리가 극한값을 알고 있는 $\lim\limits_{n\to\infty}\left(a_n-\dfrac{3n}{n+5}\right)=0$을 이용할 수 있도록 다음과 같이 바꿔 보자.

$$\lim_{n\to\infty}a_n=\lim_{n\to\infty}\left\{\left(a_n-\frac{3n}{n+5}\right)+\frac{3n}{n+5}\right\}$$

146

$$= \lim_{n \to \infty} \left(a_n - \frac{3n}{n+5} \right) + \lim_{n \to \infty} \frac{3n}{n+5}$$

극한 $\displaystyle\lim_{n \to \infty} \left(a_n - \frac{3n}{n+5} \right) = 0$이므로

$$\lim_{n \to \infty} a_n = \lim_{n \to \infty} \left(a_n - \frac{3n}{n+5} \right) + \lim_{n \to \infty} \frac{3n}{n+5}$$

$$= 0 + \lim_{n \to \infty} \frac{3n}{n+5}$$

$$= \lim_{n \to \infty} \frac{3n}{n+5}$$

n이 무한히 커질 때, 분모와 분자가 모두 ∞로 발산하므로 $\dfrac{\infty}{\infty}$ 형태의 극한

이야. 이때에는 분모의 최고차항으로 분모, 분자를 모두 나눠서 계산하면 돼.

$$\lim_{n \to \infty} a_n = \lim_{n \to \infty} \frac{3n}{n+5}$$

$$= \lim_{n \to \infty} \frac{\dfrac{3n}{n}}{\dfrac{n}{n} + \dfrac{5}{n}} = \lim_{n \to \infty} \frac{3}{1 + \dfrac{5}{n}} = 3$$

이렇게 해서 극한 $\displaystyle\lim_{n \to \infty} a_n$의 값은 3이야.

 정답 3

기출유형

02

수열 $\{a_n\}$에 대하여 급수 $\sum\limits_{n=1}^{\infty} \dfrac{a_n}{2n}$이 수렴할 때,

$\lim\limits_{n \to \infty} \dfrac{a_n + 6n}{2n}$의 값을 구하시오. [4점]

문제에 급수 $\sum\limits_{n=1}^{\infty} \dfrac{a_n}{2n}$이 수렴한다고 써 있지? 앞에서 푼 문제와 다르게 어떤 값

으로 수렴하는 것까지 제시하고 있지는 않아. 좀 더 전형적인 유형에 가까워.

앞에서 설명했듯이 급수가 수렴한다고 했으니 그 수열의 극한은 0에 수렴할

거야.

$$\lim\limits_{n \to \infty} \dfrac{a_n}{2n} = 0$$

따라서 구해야 하는 $\lim\limits_{n \to \infty} \dfrac{a_n + 6n}{2n}$은 극한값을 알고 있는 $\lim\limits_{n \to \infty} \dfrac{a_n}{2n} = 0$의 형

태를 이용할 수 있도록 바꿔 줘야 해. 아래와 같이 말이야.

$$\lim\limits_{n \to \infty} \dfrac{a_n + 6n}{2n} = \lim\limits_{n \to \infty} \left(\dfrac{a_n}{2n} + \dfrac{6n}{2n} \right)$$

$$= \lim\limits_{n \to \infty} \dfrac{a_n}{2n} + \lim\limits_{n \to \infty} 3$$

이제 극한 $\lim\limits_{n \to \infty} \dfrac{a_n}{2n} = 0$을 이용할 수 있게 되었어. 문제에서 구하라는 극한값

에 넣어 좀 더 정리해 보자.

$$\lim_{n \to \infty} \frac{a_n + 6n}{2n} = \lim_{n \to \infty} \frac{a_n}{2n} + \lim_{n \to \infty} 3 = 0 + 3 = 3$$

따라서, $\lim\limits_{n \to \infty} \dfrac{a_n + 6n}{2n}$ 의 값은 3이야.

 정답 3

재능이 없다고 말하는 사람들은
대부분 별로 시도해 본 일이 없는 사람들이다.

- 앤드류 매튜스

읽기만
해도
2등급

18 등차, 등비수열의 **일반항**

일반항 a_n 형태로 나타내라!

3점짜리나 4점짜리 초반부에 출제되는 유형이야. 이것도 푸는 방법이 정해져 있어서 쉬워.

첫째 항이 a_1, 공차가 d인 등차수열의 n번째 항 일반항은? $a_n = a_1 + (n-1)d$

첫째 항이 a_1, 공비가 r인 등비수열의 일반항은? $a_n = a_1 \times r^{n-1}$

문제에 주어진 등차, 등비수열을 일반항 a_n으로 나타내고 조건에 맞게 대입해서 풀면 끝나.

기출유형

01

공차가 음수인 등차수열 $\{a_n\}$이 다음 조건을 만족시킬 때, a_2의 값은?

[4점]

(가) $a_5 + a_9 = 0$
(나) $|a_5| + 3 = |a_{10}|$

① 15 ② 13 ③ 11 ④ 9 ⑤ 7

공차가 음수인 등차수열 a_n이 두 가지 조건을 만족시킬 때, a_2의 값을 구하래. 우선 첫째 항이 a_1, 공차가 d인 등차수열의 일반항 $a_n = a_1 + (n-1)d$를 이용해 두 조건을 나타내 보자.

조건 (가)에서 a_5는 a_n의 n에 5를, a_9는 a_n의 n에 9를 대입한 거잖아. a_5와 a_9를 등차수열의 일반항 식에 넣어서 표현해 보자.

$$a_n = a_1 + (n-1)d$$
$$a_5 = a_1 + 4d, \ a_9 = a_1 + 8d$$

이를 이용해 조건 (가)를 풀면?

(가) $a_5 + a_9 = 0$

$$(a_1 + 4d) + (a_1 + 8d) = 0$$

$$2a_1+12d=0$$

$$2a_1=-12d$$

$$a_1=-6d$$

이렇게 a_1과 d의 관계식을 알아냈어.

조건 (나)도 a_{10}을 일반항을 이용해 정리하자.

$$a_5=a_1+4d, \ a_{10}=a_1+9d$$

(나) $|a_5|+3=|a_{10}|$

$$|a_1+4d|+3=|a_1+9d|$$

여기에 아까 조건 (가)에서 알아낸 $a_1=-6d$를 대입하자.

$$|a_1+4d|+3=|a_1+9d|$$

$$|-6d+4d|+3=|-6d+9d|$$

$$|-2d|+3=|3d|$$

$|x|$는 항상 양의 값을 가져야 하므로 절댓값을 풀 때, x가 음수이면 $-$를 곱해 양수로 바꿔줘야 돼. x가 양수이면 그대로의 값을 가져.

$$|x|=\begin{cases} x & (x \geq 0) \\ -x & (x < 0) \end{cases}$$

그런데 문제에서 공차 d가 음수라고 하잖아. 그러니까 최종적으로 절댓값 안의 $-2d$는 양수, $3d$는 음수가 되겠지. 그러니 $|-2d|=-2d$, $|3d|=-(3d)=-3d$로 절댓값을 풀 수 있어.

이걸 이용해 조건 (나)를 계속 정리해 나가자.

$$|-2d|+3=|3d|$$

$$-2d+3=-3d$$

$$d=-3$$

공차 $d=-3$을 구했어. 이걸 조건 (가)에서 알아낸 $a_1=-6d$에 대입해 봐.

$$a_1=-6 \times -3=18$$

이제 첫째 항 a_1도 구할 수 있겠지?

따라서, 이 등차수열의 일반항 a_n은 다음과 같아.

$$a_1 = 18, \ d = -3$$

$$a_n = a_1 + (n-1)d = 18 + (n-1) \times -3$$

$$= 18 - 3n + 3 = -3n + 21$$

a_2는 a_n의 n에 2를 대입하면 되겠지? 자, 답이 나온다!

$$a_n = -3n + 21$$

$$a_2 = -3 \times 2 + 21 = 15$$

 정답 ①

기출유형

02

첫째 항이 0이 아닌 등비수열 $\{a_n\}$에 대하여

$$a_4 = 5a_1, \ a_3 = (a_5)^2$$

일 때, 첫째 항 a_1의 값은? [3점]

① $\dfrac{1}{25}$ ② $\dfrac{4}{25}$ ③ $\dfrac{9}{25}$ ④ $\dfrac{16}{25}$ ⑤ 1

이 문제를 보면 무슨 생각이 드니? 앞 문제와 마찬가지로 주어진 조건을 일반

항 a_n 형태로 나타내고 싶다는 마음이 마구마구 든다면 아주 좋아.

첫째 항 a_1이 0이 아니고 공비가 r인 등비수열 a_n은 $a_n = a_1 \times r^{n-1}$이지?

이 일반항 형태로 문제에서 주어진 조건의 항들을 나타내 볼게.

$$a_4 = a_1 r^{4-1} = a_1 r^3$$

$$a_3 = a_1 r^{3-1} = a_1 r^2$$

$$a_5 = a_1 r^{5-1} = a_1 r^4$$

여기서 방금 정리한 a_4를 문제에서 준 첫 번째 조건에 대입해 계산해 봐.

$$a_4 = 5a_1$$

$$a_1 r^3 = 5a_1$$

문제에서 첫째 항 a_1이 0이 아니라고 주어졌으니 우리는 이 식의 양변을 a_1으

로 나눌 수 있어.

이렇게 하면 $r^3=5$로 r을 굳이 세제곱근 $\sqrt[3]{}$ 을 이용해 더 풀어 나타낼 필요 없이 r^3을 그대로 이용하면 되니 더 편하겠지?

두 번째 조건 $a^3=(a_5)^2$도 아까 구해 놓은 일반항 형태로 나타낸 식을 양변에 각각 대입하면 다음과 같아.

$$a^3=(a_5)^2$$
$$a_1r^2=(a_1r^4)^2$$

우변 $(a_1r^4)^2$을 제곱을 풀어 정리하면

$$(a_1r^4)^2=a_1{}^2(r^4)^2=a_1{}^2r^8$$

좌변과 함께 다시 나란히 놓아 볼까?

$$a_1r^2=a_1{}^2r^8$$

역시 첫째 항 a_1이 0이 아니기 때문에 양변을 a_1으로 나눌 수 있지?

$$\frac{a_1r^2}{a_1}=\frac{a_1{}^2r^8}{a_1}$$
$$r^2=a_1r^8$$

자, 우리 아까 제일 처음에 첫 번째 조건에서 $r^3=5$라는 거 구했잖아. 그러니까 공비 r은 0이 아니고 당연히 r^2도 0이 아니야. 이제 안심하고 다시 양변을 r^2으로 나누자.

$$\frac{r^2}{r^2}=\frac{a_1r^8}{r^2}$$
$$1=a_1r^6$$

$r^3 = 5$였고, r^6은 r^3을 제곱한 것이므로 $r^6 = (r^3)^2 = 5^2 = 25$야.

이 값을 위의 식에 대입하면 답이 나오겠지?

$$1 = a_1 r^6$$

$$1 = a_1 \times 25$$

$$a_1 = \frac{1}{25}$$

 정답 ①

머리에서 발끝까지 당신을 빛나 보이게 하는 것은
바로 자신감이다.

- 카네기

19 정적분의 성질

정적분의 성질을 이용해라!

$$\int_a^b f(x)dx = \int_a^c f(x)dx + \int_c^b f(x)dx$$

4점짜리 문제로 출제되는 고난이도 유형이야. 정적분에 대한 몇 가지 성질을 잘 알아 두고, 응용해서 풀어야 돼.

$x=a$부터 $x=b$까지 함수 $f(x)$의 정적분 $\int_a^b f(x)dx$는 아래 그림처럼 구간을 나눠서 더한 $\int_a^c f(x)dx + \int_c^b f(x)dx$와 같아. 이 성질을 기본으로 잘 이용해 풀어 보자.

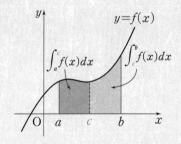

기출유형

01

이차함수 $f(x)$가 $f(2)=0$이고 다음 조건을 만족시킨다.

(가) $\int_0^1 |f(x)|\,dx = \int_0^1 f(x)\,dx = 5$

(나) $\int_1^2 |f(x)|\,dx = -\int_1^2 f(x)\,dx$

$f(3)$의 값을 구하시오. [4점]

이차함수 $f(x)$가 $f(2)=0$이고 다음 두 조건을 모두 만족시킨대.

(가) $\int_0^1 |f(x)|\,dx = \int_0^1 f(x)\,dx = 5$

(나) $\int_1^2 |f(x)|\,dx = -\int_1^2 f(x)\,dx$

문제에서는 이때 $f(3)$의 값을 묻고 있어. 먼저, 문제에서 $f(x)$가 단순히 '다항함수'가 아닌 '이차함수'라고 명시한 것은 중요한 조건이야. 우린 이걸 직접적으로 이용해야 하니까.

그런데 이 이차함수 $f(x)$가 $f(2)=0$이라 하니, 이차식인 $f(x)$를 인수분해하면 다음과 같이 $(x-2)$의 곱으로 표현할 수 있을 거야.

$$f(x)=a(x-2)(x-b)$$

이렇게 아직은 모르는 최고차항의 계수를 미지수 a로 두고, 이차식을 인수분해하면 일차식×일차식이므로 나머지 일차식은 $(x-b)$로 두면 돼.

우선 조건 (가)를 볼까.

$$(가) \int_0^1 |f(x)|\,dx = \int_0^1 f(x)\,dx = 5$$

이건 적분 구간 $x=0$부터 $x=1$까지, 즉 구간 $[0,\ 1]$에서 $f(x)$의 정적분 $\int_0^1 f(x)\,dx$와 그 절댓값 $|f(x)|$의 정적분 $\int_0^1 |f(x)|\,dx$가 같다는 의미로 결국 그 구간에서 $f(x)$와 $|f(x)|$가 같다는 거야.

그런데 $|f(x)|$은 절댓값으로써 양의 값을 가져야 해. 그래서 다음과 같이 절댓값 안의 $f(x) \geq 0$ 때는 양수이므로 그대로 $|f(x)|=f(x)$이고, $f(x)<0$ 때는 음수이므로 $-$를 곱해 양의 값 $|f(x)|=-f(x)$가 되겠지?

$$|f(x)| = \begin{cases} f(x) & (f(x) \geq 0) \\ -f(x) & (f(x) < 0) \end{cases}$$

따라서 구간 $[0,\ 1]$에서 $f(x)$와 $|f(x)|$가 같다는 것은 그 구간에서 $f(x)$는 양의 값을 갖는다는 것을 알 수 있어.

이번에는 조건 (나)를 봐.

$$(나) \int_1^2 |f(x)|\,dx = -\int_1^2 f(x)\,dx$$

이건 구간 $[1,\ 2]$에서는 $|f(x)|$와 $-f(x)$가 같다는 의미로, 절댓값 안의 $f(x)$가 0보다 작아야 한다는 거야. 조건 (가)에서 본 것과 함께 정리하면 함수 $f(x)$는 구간 $x=0$부터 $x=1$까지는 양의 값을 갖고, 구간 $x=1$부터

$x=2$까지는 음의 값을 갖는다는 거지.

즉, $x=1$에서 $f(x)$의 값이 양수에서 음수로 바뀌므로, 다음과 같이 $f(x)$의 그래프는 $x=1$에서 x축을 통과하는 $f(1)=0$이란 것을 알아낼 수 있어.

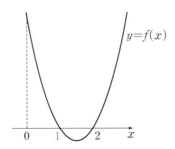

$f(1)=0$이기 위해서는 이차함수 $f(x)$를 인수분해하면 $(x-1)$의 곱이 존재해야 돼. 따라서, 앞에서 나타낸 $f(x)=a(x-2)(x-b)$의 $(x-b)$가 $(x-1)$이겠지?

$$f(x)=a(x-2)(x-b)=a(x-2)(x-1)$$
$$=a(x-1)(x-2)$$

마지막으로 이차함수 $f(x)$의 최고차항의 계수 a만 찾으면 되는데, 아직 사용하지 않은 조건이 남아 있지? 조건 (가)를 다시 봐.

$$\text{(가)}\ \int_0^1 |f(x)|\,dx = \int_0^1 f(x)\,dx = 5$$

이렇게 정적분 $\int_0^1 f(x)\,dx$의 값이 5로 주어졌었잖아.

이걸 이용해서 직접 계산해 보자.

$$f(x)=a(x-1)(x-2)$$
$$\int_0^1 f(x)\,dx = \int_0^1 a(x-1)(x-2)\,dx$$

$$= a\int_0^1 (x-1)(x-2)dx$$

$$= a\int_0^1 (x^2-3x+2)dx$$

$$= a\left[\frac{1}{3}x^3 - \frac{3}{2}x^2 + 2x \right]_0^1$$

$$= a\left\{ \left(\frac{1}{3}\times 1^3 - \frac{3}{2}\times 1^2 + 2\times 1 \right) \right.$$

$$\left. - \left(\frac{1}{3}\times 0^3 - \frac{3}{2}\times 0^2 + 2\times 0 \right) \right\}$$

$$= a\left(\frac{1}{3} - \frac{3}{2} + 2 \right) = a\left(\frac{2-9+12}{6} \right)$$

$$= \frac{5}{6}a$$

즉, 이 값이 5라고 했으니까 같이 놓고 풀면 a를 구할 수 있지?

$$\frac{5}{6}a = 5$$

$$a = 6$$

$f(x) = a(x-1)(x-2)$의 최고차항의 계수 a가 6임을 알 수 있어.
이제 문제에서 묻는 $f(3)$의 값도 구할 수 있겠지?

$$f(x) = 6(x-1)(x-2)$$

$$f(3) = 6(3-1)(3-2) = 6\times 2\times 1 = 12$$

정답 12

기출유형

02

최고차항의 계수가 1인 이차함수 $f(x)$가 $f(2)=-1$이고,

$$\int_0^{2017} f(x)dx = \int_3^{2017} f(x)dx$$

를 만족시킨다. 곡선 $y=f(x)$와 x축으로 둘러싸인 부분의 넓이가 S
일 때, $45S$의 값을 구하시오. [4점]

최고차항의 계수가 1이라 알려 준 이차함수 $f(x)$가 아래 두 가지 조건을 만족시킨다고 해.

$$f(2)=-1$$

$$\int_0^{2017} f(x)dx = \int_3^{2017} f(x)dx$$

우리는 이때 함수 $y=f(x)$와 x축으로 둘러싸인 부분의 넓이를 구해 줘야 돼.

먼저, 주어진 두 조건을 이용해 함수 $y=f(x)$를 구해 볼게.

앞 문제에서는 $f(2)=0$과 같이 $f(x)$가 0이 될 때의 x의 값을 알려 줬기 때문에 $f(x)$를 인수분해한 형태 $f(x)=a(x-2)(x-b)$같이 나타냈어. 그런데 이 문제는 $f(x)$가 0이 아니라 $f(2)=-1$과 같은 조건을 주고 있어. 이럴 때는 다음과 같이 나타내면 좋아.

$$f(x)=ax^2+bx+c$$

문제에서 최고차항의 계수 a가 1이라고 했지?

그러니 a는 1이야.

$$f(x) = x^2 + bx + c$$

또 $f(2) = -1$이잖아. 이것도 넣어서 구할 수 있는 건 다 구해 보자.

$$f(2) = 2^2 + 2 \times b + c = 4 + 2b + c = -1$$

자, 이렇게 관계식 $4 + 2b + c = -1$을 하나 얻어 냈어.

그런데 문제를 풀기 위해 설정한 함수 $f(x) = x^2 + bx + c$의 b와 c를 구하기 위해서는 아직 관계식이 하나 더 필요해.

문제에서 제시한 두 번째 조건을 이용해 구해 보자.

$$\int_0^{2017} f(x)dx = \int_3^{2017} f(x)dx$$

여기서 좌변 $\int_0^{2017} f(x)dx$를 방금 정리한 정적분의 성질에 의해 우변 $\int_3^{2017} f(x)dx$의 형태가 생기도록 아래처럼 구간을 나눠서 더한 합으로 바꿀 수 있어.

$$\int_0^{2017} f(x)dx = \int_0^3 f(x)dx + \int_3^{2017} f(x)dx$$

이걸 다시 대입해서 이항시켜 정리하면 다음과 같아.

$$\int_0^{2017} f(x)dx = \int_3^{2017} f(x)dx$$

$$\int_0^3 f(x)dx + \int_3^{2017} f(x)dx = \int_3^{2017} f(x)dx$$

$$\int_{0}^{3} f(x)dx = \int_{3}^{2017} f(x)dx - \int_{3}^{2017} f(x)dx$$

$$\int_{0}^{3} f(x)dx = 0$$

자, 이제 구간 $x=0$부터 3까지 $f(x)$를 정적분한 $\int_{0}^{3} f(x)dx$의 값이 0임을 알아냈어. $f(x)=x^2+bx+c$를 직접 대입해 계산해 볼까?

$$\int_{0}^{3} f(x)dx = 0$$

$$\int_{0}^{3} (x^2+bx+c)dx = 0$$

$$\left[\frac{1}{3}x^3 + \frac{b}{2}x^2 + cx \right]_{0}^{3} = 0$$

$$\left(\frac{1}{3} \times 3^3 + \frac{b}{2} \times 3^2 + c \times 3 \right) - \left(\frac{1}{3} \times 0^3 + \frac{b}{2} \times 0^2 + c \times 0 \right) = 0$$

$$\left(\frac{1}{3} \times 27 + \frac{b}{2} \times 9 + c \times 3 \right) - 0 = 0$$

$$9 + \frac{9b}{2} + 3c = 0$$

이렇게 b와 c에 대한 관계식을 또 하나 얻었어! 앞에서 구한 관계식과 이 식을 연립하면 b와 c를 모두 구해 이차함수 $f(x)=x^2+bx+c$를 완성할 수 있어.

$$\begin{cases} 4+2b+c = -1 \\ 9 + \frac{9b}{2} + 3c = 0 \end{cases}$$

일단 아래 식에 2를 곱하여 계수를 모두 정수로 바꿔 봐.

$$\begin{cases} 4+2b+c = -1 \\ 18+9b+6c = 0 \end{cases}$$

그리고 위의 식에는 6을 곱해 아래의 식과 빼서 c항을 소거하면?

$$
\begin{array}{r}
24+12b+6c=-6 \\
-\quad\underline{18+\;9b+6c=\;\;\;0} \\
6+\;3b\qquad=-6
\end{array}
$$

이렇게 나오지? 정리하면 b의 값을 구할 수 있어.

$$3b=-12$$

$$b=-4$$

그리고 $b=-4$는 연립방정식의 두 식을 모두 만족시키므로, 두 연립방정식 중 하나에 대입해서 나머지 c값도 구할 수 있어.

$$4+2b+c=-1$$

$$4+2\times(-4)+c=-1$$

$$4-8+c=-1$$

$$c=3$$

따라서 $f(x)=x^2+bx+c=x^2-4x+3$임을 알 수 있어.

그런데 문제에서 이 함수 $f(x)$와 x축으로 둘러싸인 부분의 넓이 S를 묻고 있지? $f(x)=x^2-4x+3$를 인수분해해 봐.

$$f(x)=x^2-4x+3=(x-1)(x-3)$$

$f(x)$의 값이 0이 되는 x값은 1과 3이야. 그런데 함수 $y=f(x)$의 그래프에서 $f(x)=0$이 될 때는 y좌표가 0인 점이니까 x축과의 교점을 의미하기도 해.

그러니까 이차함수 $f(x)=(x-1)(x-3)$의 그래프는 x축과의 교점의 x좌표가 1과 3이야. 또 최고차항의 계수가 1인 양수니까 아래로 볼록한 이차함수로 나타나겠네? 그래프를 그리면 다음과 같아.

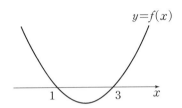

그러므로 함수 $y=f(x)$와 x축으로 둘러싸인 부분의 넓이 S는 $x=1$부터 $x=3$까지의 구간이야. 이 구간에 대해 $f(x)$를 정적분하면 돼.

그런데 이 구간에서 함수 $f(x)$가 x축 아래에 존재하므로 정적분을 계산하면 음의 값이 나오겠지?

그런데 말이야, 혹시 정적분을 함수 $f(x)$와 x축 사이의 넓이로 단순히 외우고 있니? 그러면 안 돼!

다음과 같이 함수 $f(x)$의 값이 0보다 클 때는 함수의 그래프는 x축 위쪽에 존재하는데 이때 정적분의 값은 양의 값을 가지는 $\int_a^b f(x)dx=S$로 단순히 넓이 S라 해도 돼.

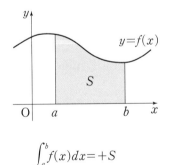

곡선 $y=f(x)$, 직선 $x=a$, $x=b$ 및 x축으로 둘러싸인 부분의 넓이를 S라 할 때,

$$\int_a^b f(x)dx=+S$$

하지만 $f(x)$의 값이 0보다 작을 때는 상황이 달라. 함수의 그래프가 x축 아래쪽에 존재하니까. 음의 값을 가지는 $\int_a^b f(x)dx=-S$가 된다는 것을 확실히 알아 두자.

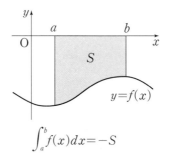

$$\int_a^b f(x)dx = -S$$

다시 문제로 돌아오면 $y=f(x)$와 x축으로 둘러싸인 부분의 넓이를 구하기 위해서는 $x=1$부터 $x=3$까지를 정적분하고 그 값에 절댓값을 씌우면 양수인 넓이 S를 구할 수 있어.

$$f(x) = x^2 - 4x + 3$$

$$\int_1^3 f(x)dx = \int_1^3 x^2 - 4x + 3 \, dx = \left[\frac{1}{3}x^3 - 2x^2 + 3x \right]_1^3$$

$$= \left(\frac{1}{3} \times 3^3 - 2 \times 3^2 + 3 \times 3 \right)$$

$$- \left(\frac{1}{3} \times 1^3 - 2 \times 1^2 + 3 \times 1 \right)$$

$$= (9 - 18 + 9) - \left(\frac{1}{3} - 2 + 3 \right)$$

$$= 0 - \frac{4}{3} = -\frac{4}{3}$$

$$S = \left| -\frac{4}{3} \right| = \frac{4}{3}$$

그러므로 함수 $y=f(x)$와 x축으로 둘러싸인 부분의 넓이 S는 $\frac{4}{3}$야.

$45S$의 값은?

$$45S = 45 \times \frac{4}{3} = 60$$

정답 60

읽기만
해도
2등급

20 $\sum$ 로 표현된 수열의 합

$\sum$를 풀어 수열의 합으로 나타내라!

이 유형은 주로 3점짜리로 나와. 가끔은 4점짜리 문제 초반부에 출제되기도 하고.

$\sum$로 표현된 수열의 합이 조건으로 주어지고, 이를 통해 수열의 특정한 항을 구하는 문제야. 다양한 형태의 문제가 나오기 쉬워서 처음 문제를 접했을 때, '앗! 처음 보는 유형이네!' 하고 당황할 수 있지만 결국 $\sum$를 직접 풀어서 수열의 합 형태로 나타내는 게 포인트! 일단 그렇게 나타내면 문제를 풀 수 있는 방법이 저절로 보일 거야.

수열 $\{a_n\}$이

$$\sum_{k=1}^{8} a_k = \sum_{k=1}^{7} (a_k - 1)$$

을 만족시킬 때, a_8의 값은? [3점]

① -6 ② -7 ③ -8 ④ -9 ⑤ -10

자, 수열 a_n이 다음과 같이 $\sum$로 표현된 등식을 만족시킨다고 했지?

앞에서 말했듯이 이 유형의 문제는 $\sum$를 풀어서 수열의 합 형태로 나타내는 게

포인트야.

$$\sum_{k=1}^{8} a_k = \sum_{k=1}^{7} (a_k - 1)$$

좌변에서 $\sum$를 풀어서 수열의 합 형태로 나타내 볼까.

$$\sum_{k=1}^{8} a_k = a_1 + a_2 + a_3 + a_4 + a_5 + a_6 + a_7 + a_8$$

이번에는 우변을 풀어 봐.

$$\sum_{k=1}^{7} (a_k - 1) = (a_1 - 1) + (a_2 - 1) + (a_3 - 1) + (a_4 - 1)$$
$$+ (a_5 - 1) + (a_6 - 1) + (a_7 - 1)$$
$$= a_1 + a_2 + a_3 + a_4 + a_5 + a_6 + a_7 - 1 - 1 - 1 - 1 - 1 - 1 - 1$$
$$= a_1 + a_2 + a_3 + a_4 + a_5 + a_6 + a_7 - 7$$

자, 이제 이걸 다시 문제의 조건에 대입하고, 이항해 정리하면 아래와 같아.

허무할 정도로 답이 순식간에 나올 거야.

$$\sum_{k=1}^{8} a_k = \sum_{k=1}^{7} (a_k - 1)$$

$$a_1 + a_2 + a_3 + a_4 + a_5 + a_6 + a_7 + a_8$$

$$= a_1 + a_2 + a_3 + a_4 + a_5 + a_6 + a_7 - 7$$

$$a_1 + a_2 + a_3 + a_4 + a_5 + a_6 + a_7 + a_8$$

$$- (a_1 + a_2 + a_3 + a_4 + a_5 + a_6 + a_7) = -7$$

$$a_8 = -7$$

 정답 ②

기출유형

02

수열 $\{a_n\}$은 $a_1 = 10$이고,

$$\sum_{k=1}^{n} (a_{k+1} - a_k) = n^2 + n - 2 \ (n \geq 1)$$

를 만족시킨다. a_7의 값을 구하시오. [4점]

혹시 이 문제를 보고 $\sum_{k=1}^{n} (a_{k+1} - a_k) = n^2 + n - 2$에서 a_{k+1}, a_k가 포함된 좌변의 $\sum$ 식에서 당황했을지도 모르겠어. 괜찮아! 어차피 이 유형에서는 잘 모르겠다 싶으면 바로 <u>$\sum$를 풀어 수열의 합 형태로 나타내</u> 보면 풀리게 되어 있으니까.

자, 좌변을 먼저 수열의 합 형태로 나타내면 아래와 같아.

$$\sum_{k=1}^{n} (a_{k+1} - a_k) = (a_2 - a_1) + (a_3 - a_2) + (a_4 - a_3) + \cdots$$
$$+ (a_n - a_{n-1}) + (a_{n+1} - a_n)$$

한번 자세히 살펴봐. 괄호 앞 뒤로 같은 항들이 존재하는데 뺄셈 때문에 서로 소거되잖아! 이런 식으로 계속 나아가면 결국에는 아래처럼 정리될 거야.

$$\sum_{k=1}^{n} (a_{k+1} - a_k) = (\cancel{a_2} - a_1) + (\cancel{a_3} - \cancel{a_2}) + (\cancel{a_4} - \cancel{a_3}) + \cdots$$
$$+ (\cancel{a_n} - \cancel{a_{n-1}}) + (a_{n+1} - \cancel{a_n})$$

$$\sum_{k=1}^{n} (a_{k+1} - a_k) = a_{n+1} - a_1$$

이걸 다시 문제의 조건에 대입해 볼까?

$$\sum_{k=1}^{n} (a_{k+1}-a_k)=n^2+n-2$$
$$a_{n+1}-a_1=n^2+n-2$$

그런데 문제에서 첫째 항이 $a_1=10$이라고 했지? 이걸 넣어서 정리해 보자.

$$a_{n+1}-10=n^2+n-2$$
$$a_{n+1}=n^2+n-2+10=n^2+n+8$$

문제에서 묻고 있는 a_7을 구하기 위해서는 a_{n+1}의 n 자리에 6을 대입해야 하지? 넣어서 계산만 하면 답이 금방 나와.

$$a_{n+1}=n^2+n+8$$
$$a_7=6^2+6+8=50$$

 정답 50

비관론자는 모든 기회에서 어려움을 본다.
낙관론자는 모든 어려움에서 기회를 본다.

- 윈스턴 처칠

21 대칭함수의 정적분

y축 대칭인 우함수인지,
원점 대칭인 기함수인지 파악하라!

4점짜리 고난이도 문제 유형이야. 하지만 우함수와 기함수에 대한 개념을 정적분에 활용할 줄 알면 크게 어렵지 않아. y축에 대칭인 우함수, 원점에 대칭인 기함수의 개념, 그리고 이 각각을 정적분 계산할 때 나타나는 특징까지 알아야 해. 조금 어렵긴 해도 이왕이면 우리는 이 유형까지 맞히고 가자고.

기출유형

01

두 다항함수 $f(x)$, $g(x)$가 모든 실수 x에 대하여
$$f(-x)=f(x), \ g(-x)=-g(x)$$
를 만족시킨다. 함수 $h(x)=f(x)g(x)$에 대하여
$$\int_{-2}^{2}(x+3)h'(x)dx=6$$
일 때, $h(2)$의 값은? [4점]

문제에서 다항함수 $f(x)$가 $f(-x)=f(x)$를 만족시킨대. 이 말은 $f(x)$는 y축에 대하여 대칭 함수인 우함수라는 거지? 마찬가지로 다항함수 $g(x)$는 $g(-x)=-g(x)$를 만족시킨다고 하니, $g(x)$는 원점에 대하여 대칭 함수인 기함수라는 것도 알 수 있어.

① y축에 대칭인 우함수

우함수의 그래프는 y축에 대해 대칭이라 $f(x)=f(-x)$가 같아. 예를 들면 $y=4$, $y=3x^2$, $y=-x^4$과 같이 다항함수 중에 상수항이나, x의 지수가 짝수인 항으로만 이뤄진 함수가 바로 우함수야.

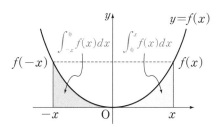

정적분의 계산에서는 함수 $y=f(x)$가 y축에 대해 대칭이라 $-x$부터 0까지 정적분한 $\int_{-x}^{0} f(x)dx$와 0부터 x까지 정적분한 $\int_{0}^{x} f(x)dx$의 값이 두 부분의 넓이와 같아. $-x$부터 x까지 우함수를 정적분한 $\int_{-x}^{x} f(x)dx$는 $\int_{-x}^{0} f(x)dx = \int_{0}^{x} f(x)dx$을 이용해 아래처럼 간단히 바꿀 수 있어.

$$\int_{-x}^{x} f(x)dx = \int_{-x}^{0} f(x)dx + \int_{0}^{x} f(x)dx$$
$$= \int_{0}^{x} f(x)dx + \int_{0}^{x} f(x)dx$$
$$= 2\int_{0}^{x} f(x)dx$$

② 원점에 대칭인 기함수

기함수는 $f(-x)$의 값과 $f(x)$의 값은 절댓값은 같으나 부호가 달라서 $f(-x) = -f(x)$가 성립해. 예컨대 $y=x^1$, $y=-2x^3$, $y=5x^3$과 같이 다항함수 중 x의 지수가 홀수인 항으로만 이뤄진 함수가 기함수야.

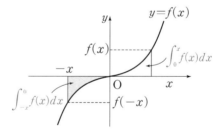

기함수에만 존재하는 조건이 있는데, 기함수는 원점에 대칭이기 때문에 항상 원점 $(0, 0)$을 지나.

기함수는 원점 대칭이라 $-x$부터 0까지 정적분한 $\int_{-x}^{0} f(x)dx$와 0부터 x까지 정적분한 $\int_{0}^{x} f(x)dx$의 값은 넓이가 같기 때문에 절댓값은 같고 부호만 달라.

따라서, $-x$부터 x까지 기함수를 정적분한 $\int_{-x}^{x} f(x)dx$는 $\int_{-x}^{0} f(x)dx = -\int_{0}^{x} f(x)dx$임을 이용해 다음과 같이 0이 된다는 것을

알 수 있어.

$$\int_{-x}^{x} f(x)dx = \int_{-x}^{0} f(x)dx + \int_{0}^{x} f(x)dx$$

$$= -\int_{0}^{x} f(x)dx + \int_{0}^{x} f(x)dx = 0$$

다시 문제로 돌아오자. 문제의 $f(x)$는 우함수, $g(x)$는 기함수였어. 이때 함수 $h(x)$는 다음과 같이 우함수 $f(x)$와 기함수 $g(x)$의 곱이래.

$$h(x) = f(x) \times g(x)$$

앞에서 살펴보았듯이, 우함수는 상수항이나 x의 지수가 짝수인 항으로만 이루어진 함수야. 기함수는 x의 지수가 홀수인 항으로만 이루어진 함수였고. 예를 들어 우함수와 기함수를 곱하면 아래처럼 되겠지?

(우함수) × (기함수)

$4 \times x^1 = 4x^1$

$3x^2 \times -2x^3 = -6x^5$

$-x^4 \times 5x^3 = -5x^7$

x의 지수가 홀수인 항으로 이뤄진 기함수가 나왔네? 즉, 우함수 $f(x)$와 기함수 $g(x)$의 곱으로 나타낸 함수 $h(x)$는 기함수가 돼. 근데 문제에서 $h(x)$를 미분한 $h'(x)$에 대해 다음과 같은 정적분의 값을 주고 있어.

$$\int_{-2}^{2} (x+3)h'(x)dx = 6$$

이해를 돕기 위해 기함수를 미분한 예를 몇 가지 들어 볼게.

(기함수)$'$

$(4x)' = 4$

$$(-6x^5)' = -30x^4$$

$$(-5x^7)' = -35x^6$$

위의 예시를 보면 알 수 있듯이 결과가 상수항이나 x의 지수가 짝수인 항으로 이뤄진 우함수잖아. 미분을 하면 지수가 1 줄어들어 홀수인 지수가 짝수로 바뀌기 때문이야. 결국 $h'(x)$는 우함수니 주어진 정적분을 정리하면 다음과 같아.

$$\int_{-2}^{2}(x+3)h'(x)dx = \int_{-2}^{2}xh'(x)+3h'(x)dx$$

$$= \int_{-2}^{2}xh'(x)dx + \int_{-2}^{2}3h'(x)dx$$

$\int_{-2}^{2}h'(x)dx$의 함수 $xh'(x)$는 기함수인 x와 우함수인 $h'(x)$의 곱으로 앞에서 봤듯이 결과는 기함수야. 따라서, 원점 대칭인 기함수 $xh'(x)$를 -2부터 2까지 정적분한 $\int_{-2}^{2}xh'(x)dx$의 값은 0이 됨을 알 수 있어. 그리고 $\int_{-2}^{2}3h'(x)dx$의 함수 $3h'(x)$는 우함수인 $h'(x)$에 상수인 3을 곱한 함수로 $h'(x)$의 항의 지수에 영향을 주지 않으니 계속 우함수야.

즉, y축 대칭인 우함수 $3h'(x)$를 -2부터 2까지 정적분한 $\int_{-2}^{2}3h'(x)dx$는 $\int_{-2}^{0}3h'(x)dx = \int_{0}^{2}3h'(x)dx$을 이용해 바꿔서 계산할 수 있어.

$$\int_{-2}^{2}3h'(x)dx = \int_{-2}^{0}3h'(x)dx + \int_{0}^{2}3h'(x)dx$$

$$= \int_{0}^{2}3h'(x)dx + \int_{0}^{2}3h'(x)dx$$

$$= 2\int_{0}^{2}3h'(x)dx$$

그러므로 주어진 정적분은 다음과 같아.

$$\int_{-2}^{2}(x+3)h'(x)dx=\int_{-2}^{2}xh'(x)+3h'(x)dx$$

$$=\int_{-2}^{2}xh'(x)dx+\int_{-2}^{2}3h'(x)dx$$

$$=0+2\int_{0}^{2}3h'(x)dx$$

$$=2\int_{0}^{2}3h'(x)dx=6\int_{0}^{2}h'(x)dx$$

이제 이걸 직접 정적분 계산해서 풀어 봐. 정적분 $\int_{0}^{2}h'(x)dx$의 계산은 함수 $h'(x)$가 미분되기 전 함수 $h(x)$에 2를 대입한 값에 0을 대입한 값을 빼면 되잖아.

$$6\int_{0}^{2}h'(x)dx=6\times\left[\,h(x)\,\right]_{0}^{2}=6\times\{h(2)-h(0)\}$$

(x)는 원점 대칭인 기함수이니 $h(0)=0$이야. 식에 넣자.

$$6\times\{h(2)-h(0)\}=6\{h(2)-0\}=6h(2)$$

문제에서 이 정적분의 값을 6이라 제시하고 있어. 같이 놓고 풀면 답이 나와.

$$6h(2)=6$$
$$h(2)=1$$

 정답 1

기출유형

02

함수 $f(x)$는 모든 실수 x에 대하여 $f(x+3)=f(x)$를 만족시키고,

$$f(x)=\begin{cases} x & (0\leq x<1) \\ 1 & (1\leq x<2) \\ -x+3 & (2\leq x<3) \end{cases}$$

이다. $\int_{-a}^{a} f(x)dx=16$일 때, 상수 a의 값은? [4점]

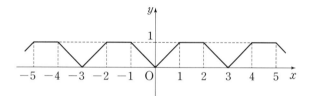

① 10　　　② 12　　　③ 14　　　④ 16　　　⑤ 18

모든 x에 대하여 $f(x+a)=f(x)$를 만족하는 상수 a가 존재할 때, $f(x)$는 a를 주기로 하는 주기함수로 함숫값이 주기 a 간격으로 계속 반복돼.

함수 $f(x)$가 모든 실수에 대해 $f(x+3)=f(x)$를 만족시킨다고 해. 문제에 그려진 $f(x)$의 그래프를 봐. 이건 일정한 주기로 함수값이 반복되는 주기함수에 대한 정의야. 이때 주기는 3이야. 왜?

왜인지 볼까. $x=1$을 대입하면 $f(4)=f(1)$로 x가 1일 때와 4일 때 함수 $f(x)$가 같은 값을 갖고, $x=2$를 대입하면 $f(5)=f(2)$로 x가 2일 때와 5일 때 함수 $f(x)$가 같은 값을 가지니까. 즉, 주기 3만큼의 간격으로 같은 값을 계속 갖는다는 의미야.

183

그런데 문제에서 묻는 것은 함수 $f(x)$에 대한 정적분 $\int_{-a}^{a} f(x)dx = 16$일

때 상수 a의 값이야. 우선, 주어진 함수 $f(x)$의 그래프를 보면 알 수 있듯이

이 함수는 y축에 대하여 대칭인 우함수야. 따라서 정적분 $\int_{-a}^{0} f(x)dx$와

$\int_{0}^{a} f(x)dx$의 값이 같으므로 다음과 같이 바꿀 수 있어.

$$\int_{-a}^{a} f(x)dx = 16$$

$$\int_{-a}^{0} f(x)dx + \int_{0}^{a} f(x)dx = 16$$

$$2\int_{0}^{a} f(x)dx = 16$$

$$\int_{0}^{a} f(x)dx = 8$$

즉, $x=0$부터 $x=a$까지 $f(x)$를 정적분한 값이 8이 되는 a를 찾아야 돼.

일단 같은 모양이 주기적으로 반복되므로 한 주기에 대한 정적분의 값을 구해

서 주기가 몇 번 반복되어야 하는지 구해 보자.

다시 문제를 봐. 문제에서 한 주기에 대한 함수 $f(x)$의 식을 구간을 나눠서

친절히 알려 주잖아. 그래서 다음과 같이 이를 각각 구간에 대해 정적분을 하

면 한 주기에 대한 정적분의 값 $\int_{0}^{3} f(x)dx$를 구할 수 있어.

$$f(x) = \begin{cases} x & (0 \le x < 1) \\ 1 & (1 \le x < 2) \\ -x+3 & (2 \le x < 3) \end{cases}$$

$$\int_{0}^{3} f(x)dx = \int_{0}^{1} x\,dx + \int_{1}^{2} 1\,dx + \int_{2}^{3} -x+3\,dx$$

$$= \left[\frac{1}{2}x^2 \right]_{0}^{1} + \left[x \right]_{1}^{2} + \left[-\frac{1}{2}x^2 + 3x \right]_{2}^{3}$$

그런데 말이야⋯. 사실 이거 계산하기 복잡하고, 또 굳이 이렇게 할 필요도 없어. 왜냐하면 함수 $f(x)$가 계속 양의 값을 갖고 x축 위의 존재하므로 정적분의 값은 함수 $f(x)$와 x축으로 둘러싸인 부분의 넓이와 같거든. 그러니 아래 그림처럼 단순하게 함수와 x축으로 둘러싸인 부분의 삼각형 2개와 사각형 1개의 넓이의 합을 구하면 훨씬 쉽다고.

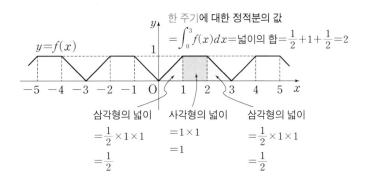

자, 그래서 한 주기 $x=0$부터 3까지의 정적분의 값은 넓이의 합으로

$$\int_0^3 f(x)dx = 2$$이므로, $x=0$부터 a까지 $f(x)$를 정적분한 $\int_0^a f(x)dx$

의 값이 8이 될 때는 다음과 같이 주기가 4번 반복되어야 해.

$$\int_0^3 f(x)dx + \int_3^6 f(x)dx + \int_6^9 f(x)dx + \int_9^{12} f(x)dx$$
$$= 2+2+2+2 = 8$$

그러므로 $x=0$부터 3인 주기가 4번 반복된 $x=12$까지의 정적분의 값

$$\int_0^{12} f(x)dx = 8$$이므로, 구하려는 $\int_0^a f(x)dx = 8$의 a의 값은 12야.

 정답 ②

읽기만
해도
2등급

22 이항정리

이항정리 공식을 이용해 풀어라!

단순 계산 유형으로 3점짜리 문제 초반부에 나와. $(a+b)^n$을 전개하는 이항정리 공식을 암기해 두는 게 핵심!

$(a+b)^n$은 $(a+b)$를 n번 곱한 거지? $(a+b)^n=(a+b)(a+b)(a+b)\cdots(a+b)$ 이렇게 말이야. 이걸 전개하면 아래 식도 성립해.

$$(a+b)^n={}_nC_0a^nb^0+{}_nC_1a^{n-1}b^1+{}_nC_2a^{n-2}b^2+{}_nC_3a^{n-3}b^3+\cdots+{}_nC_ra^{n-r}b^r+\cdots+{}_nC_na^0b^n$$

이걸 '이항정리'라고 해. 외우는 요령도 알려 줄게. 위의 식을 다시 봐 봐.

예를 들어 $(a+b)^n$의 전개식에서 $a^{n-2}b^2$항은 곱해진 n개의 $(a+b)$ 중에서 b를 어디서 2번 택해서 곱하느냐에 따라 여러 번 생기잖아. 그래서 $a^{n-2}b^2$항은 총 ${}_nC_2$번 나타나. 따라서, $a^{n-2}b^2$항의 계수는 ${}_nC_2$ 이지. 같은 방식으로 $a^{n-r}b^r$항은 곱해진 n개의 $(a+b)$ 중에서 b를 r번 택하여 곱할 때마다 생기므로 $a^{n-r}b^r$항의 계수는 ${}_nC_r$이라고 기억하면 돼!

기출유형

01

$\left(x+\dfrac{1}{3x}\right)^5$의 전개식에서 x의 계수는? [3점]

① $\dfrac{10}{9}$　　② $\dfrac{4}{3}$　　③ $\dfrac{14}{9}$　　④ $\dfrac{5}{3}$　　⑤ $\dfrac{16}{9}$

$\left(x+\dfrac{1}{3x}\right)^5$의 전개식에서 x의 계수를 묻고 있어.

자, 그러면 $\left(x+\dfrac{1}{3x}\right)^5$를 전개하는 이항정리 공식을 이용해 구할 수 있겠지?

굳이 식의 모든 항을 전개할 필요 없이 x항이 언제 생기는지 찾아서 그 계수만

구해 주면 돼. $\left(x+\dfrac{1}{3x}\right)^5$는 $\left(x+\dfrac{1}{3x}\right)$를 5번 곱한 식으로 다음과 같아.

$$\left(x+\dfrac{1}{3x}\right)^5=\left(x+\dfrac{1}{3x}\right)\left(x+\dfrac{1}{3x}\right)\left(x+\dfrac{1}{3x}\right)\left(x+\dfrac{1}{3x}\right)\left(x+\dfrac{1}{3x}\right)$$

이때 곱해진 5개의 $\left(x+\dfrac{1}{3x}\right)$ 중에서 $\dfrac{1}{3x}$을 2번 택하고 나머지에서 x를 3

번 택하여 곱할 때에 x항이 나타나겠지?

$$x^3\times\left(\dfrac{1}{3x}\right)^2=x^3\times\dfrac{1}{9x^2}=\dfrac{x}{9}$$

따라서, 5개의 $\left(x+\dfrac{1}{3x}\right)$를 곱한 $\left(x+\dfrac{1}{3x}\right)^5$의 전개식에서 $\dfrac{1}{3x}$을 2번,

나머지에서 x를 3번 택하여 곱할 때마다 생기는 $x^3\left(\dfrac{1}{3x}\right)^2$항의 계수를 구하면 답이 나와.

$$_5\mathrm{C}_2\,x^3\left(\frac{1}{3x}\right)^2={}_5\mathrm{C}_2\,x^3\times\frac{1}{9x^2}={}_5\mathrm{C}_2\,\frac{x}{9}$$

$$=\frac{5\times4}{2\times1}\times\frac{x}{9}=\frac{10x}{9}$$

이렇게 x의 계수는 $\dfrac{10}{9}$으로 답을 구했어.

 정답 ①

02

다항식 $(x+a)^6$의 전개식에서 x^4의 계수가 135일 때, 양수 a의 값은?

[3점]

① 1   ② 2   ③ 3   ④ 4   ⑤ 5

이번에는 $(x+a)^6$의 전개식에서 x^4의 계수가 135라고 알려 주고 있네?
이때의 양수 a의 값을 묻고 있어. 이항정리 공식도 잘 외우고 있지? 앞에서도
어렵지 않게 금방 풀었으니 이것도 얼른 해치우자!

우선 $(x+a)$가 6번 곱해진 $(x+a)^6$의 전개식에서 x^4항은 언제 만들어질
까를 생각해 봐. a를 2번 택하고, 나머지에서 x를 4번 택하여 곱할 때 x^4
이 나올 거야. 이항정리 공식을 이용해 x^4항의 계수를 구해 보자.

$$_6C_2 x^4 a^2 = {}_6C_2 a^2 x^4 = \frac{6 \times 5}{2 \times 1} a^2 x^4 = 15 a^2 x^4$$

계산하니 x^4의 계수는 $15a^2$라고 나왔어. 이 값이 135래. 같이 놓고 풀면 자
연스럽게 a값이 구해지겠지?

$$15a^2 = 135$$
$$a^2 = 9$$
$$a = \pm 3$$

문제에서는 양수 a라고 하니까 우리가 구하는 답은 바로 $a=3$이야.

 정답 ③

절대 어제를 후회하지 마라.
인생은 오늘의 내 안에 있고 내일은 스스로 만드는 것이다.

- L. 론허바드

읽기만
해도
2등급

23 독립시행의 확률

구하려는 확률이
독립시행인지 체크하라!

3점짜리 문제로 출제되는 유형으로 독립시행의 확률을 알아야 해. 독립시행이 무엇인지는 알고 있지? 동전 또는 주사위를 여러 번 던지는 경우처럼 동일한 조건으로 반복되는 시행을 독립시행이라고 해. 이 유형의 문제를 풀 때는 문제의 조건이 독립시행인지 아닌지 체크하는 일이 핵심이야. 만약 독립시행이 맞으면 조건에 맞게 확률을 구하면 금방 풀릴 거야.

기출유형

01

한 개의 주사위를 4번 던질 때, 3의 배수의 눈이 한 번만 나올 확률은?

[3점]

① $\dfrac{8}{81}$　　② $\dfrac{13}{36}$　　③ $\dfrac{32}{81}$　　④ $\dfrac{11}{27}$　　⑤ $\dfrac{4}{9}$

한 개의 주사위를 4번 던질 때, 3의 배수의 눈이 한 번만 나올 확률을 묻고 있어. '주사위'를 던진다고 써 있어. 매번 던질 때마다 일정한 확률이 나오는 주사위를 반복해서 4번 던지는 시행을 하잖아. 이건 독립시행의 확률을 구하는 문제라는 거, 알아챘니?

그럼 이제 주사위를 한 번 던져 3의 배수의 눈이 나올 확률을 구해 볼게. 주사위의 1부터 6까지 총 여섯 개의 눈에서 3의 배수는 3, 6 두 개가 있으니 주사위를 한 번 던져 3의 배수가 나올 확률은 $\dfrac{2}{6} = \dfrac{1}{3}$이야. 그렇다면 한 번 던질 때 3의 배수의 눈이 안 나올 확률은 반대로 $\dfrac{4}{6} = \dfrac{2}{3}$가 되겠지?

이때 주사위를 4회 반복해 던져, 3의 배수의 눈이 한 번만 나오는 경우는 어떤 때일까? 예를 들면 3의 배수의 눈이 1회에 나오고 2, 3, 4회에는 안 나오는 경우겠지. 이 확률은 3의 배수가 한 번 나오고 나머지 세 번은 3의 배수가 나오지 않는 확률이니 $\dfrac{1}{3} \times \dfrac{2}{3} \times \dfrac{2}{3} \times \dfrac{2}{3} = \dfrac{1}{3} \times \left(\dfrac{2}{3} \right)^3 = \dfrac{8}{81}$임을 알 수 있어.

그런데 3의 배수의 눈이 한 번만 나오는 경우는 이것만 있지 않고, 3의 배수의 눈이 2회에 나오고 1, 3, 4회에는 안 나오는 등 여러 경우가 더 있잖아?

주사위를 4회 던져 3의 배수가 한 번만 나오는 경우는 총 던지는 4회 중에 3의 배수가 나오는 한 번을 택하는 경우의 수 $_4C_1 = 4$가지야.

그리고 그 각각의 경우에서 3의 배수가 한 번 나오고 나머지 세 번은 3의 배수가 나오지 않는 확률은 앞에서 구한 $\dfrac{1}{3} \times \left(\dfrac{2}{3}\right)^3 = \dfrac{8}{81}$이지.

즉 이 확률이 일어날 경우가 4가지가 있으니까 두 수를 곱하면 답이 나와.

$$_4C_1 \times \frac{1}{3} \times \left(\frac{2}{3}\right)^3 = 4 \times \frac{8}{81} = \frac{32}{81}$$

 정답 ③

기출유형

02

흰 공 3개, 검은 공 2개가 들어 있는 주머니가 있다. 이 주머니에서 임의로 2개의 공을 동시에 꺼내어, 꺼낸 2개의 공의 색이 서로 다르면 1개의 동전을 2번 던지고, 꺼낸 2개의 공의 색이 서로 같으면 1개의 동전을 3번 던진다. 이 시행에서 동전의 앞면이 2번 나올 확률은? [3점]

① $\dfrac{3}{10}$ ② $\dfrac{19}{56}$ ③ $\dfrac{5}{14}$ ④ $\dfrac{3}{8}$ ⑤ $\dfrac{11}{28}$

문제가 좀 길지만 읽다 보면 비슷한 구조가 반복되고 있다는 것을 알겠지? 이 유형을 풀 때는 무엇부터 하라고? 독립시행인지 확인하기!

우선, 흰 공 3개와 검은 공 2개가 들어 있는 주머니에서 임의로 2개의 공을 동시에 꺼낸다고 해. 그때 꺼낸 2개의 공의 색이 서로 다르면 1개의 동전을 2번 던지고, 꺼낸 2개의 공의 색이 서로 같으면 1개의 동전을 3번 던진대. 최종적으로는 이 시행에서 동전의 앞면이 2번 나올 확률을 묻고 있어.

자, 동전의 앞면이 2번 나올 수 있는 경우를 살펴볼까.

첫 번째. 꺼낸 2개의 공의 색이 달라서 1개의 동전을 2번 던져 앞면, 앞면이 나올 경우가 있어.

두 번째. 꺼낸 2개의 공의 색이 같아서 1개의 동전을 3번 던져 앞면이 2번 뒷면이 1번 나올 경우가 가능해.

즉, 동전의 앞면이 2번 나올 확률은 이 첫 번째, 두 번째 경우에 대해 확률을 각각 구해서 더하면 되겠지?

먼저 첫 번째 경우에서 꺼낸 2개의 공이 색이 다를 때부터 구해 보자.

검은 공 2개, 흰 공 3개 총 5개의 공이 들어 있는 주머니에서 꺼낸 2개의 공이 색이 다를 경우는 흰 공 1개, 검은 공 1개를 꺼낼 때야. 이 확률은 얼마일까?

5개의 공에서 2개의 공을 꺼내는 경우의 수 : $_5C_2 = \dfrac{5 \times 4}{2 \times 1} = 10$가지

흰 공 3개 중에서 1개를, 검은 공 2개 중에서 1개를 꺼내는 경우의 수 :

$_3C_1 \times _2C_1 = \dfrac{3}{1} \times \dfrac{2}{1} = 6$가지

이때의 확률은?

$$\dfrac{_3C_1 \times _2C_1}{_5C_2} = \dfrac{6}{10} = \dfrac{3}{5}$$

공의 색을 다르게 뽑았으니 이제 동전을 던져야겠지?

동전을 2번 던지는데 앞면이 2번 나올 확률은 2번 모두 앞면이 나오는 경우밖에 없어. 그럼 동전을 한 번 던질 때 앞면이 나올 확률이 $\dfrac{1}{2}$이니까 확률은 $\dfrac{1}{2} \times \dfrac{1}{2} = \dfrac{1}{4}$이야.

즉, 첫 번째 경우의 확률은 꺼낸 2개의 공의 색이 다를 확률 $\dfrac{3}{5}$에 동전을 2번 던져 앞면, 앞면이 나올 확률 $\dfrac{1}{4}$을 곱하면 돼.

$$\dfrac{3}{5} \times \dfrac{1}{4} = \dfrac{3}{20}$$

이렇게 첫 번째 경우의 확률을 구했어.

다음으로 두 번째. 꺼낸 2개의 공의 색이 같을 때를 구해 볼게. 흰 공 3개, 검

은 공 2개 총 5개의 공이 들어 있는 주머니에서 꺼낸 2개의 공의 색이 같은 경우는 흰 공만 2개 꺼낼 때와 검은 공만 2개 꺼낼 때가 있겠지.

이에 대한 확률을 구해 보자고.

5개의 공에서 2개의 공을 꺼내는 경우의 수 :

$$_5C_2 = \frac{5 \times 4}{2 \times 1} = 10가지$$

흰 공 3개 중에서 흰 공 2개를 꺼내고, 검은 공은 안 꺼내는 경우의 수 :

$$_3C_2 \times {_2C_0} = \frac{3 \times 2}{2 \times 1} \times 1 = 3가지$$

흰 공은 안 꺼내고, 검은 공 2개 중에서 검은 공 2개를 꺼내는 경우의 수 :

$$_3C_0 \times {_2C_2} = 1 \times \frac{2 \times 1}{2 \times 1} = 1가지$$

따라서 이때의 확률은 꺼낸 2개의 공의 색이 같은 이 두 경우에 대한 모든 경우의 수를 전체 경우의 수 10가지로 나누면 되겠지? 정리하면 아래와 같아.

$$\frac{_3C_2 \times {_2C_0} + {_3C_0} \times {_2C_2}}{_5C_2} = \frac{3+1}{10} = \frac{4}{10} = \frac{2}{5}$$

공을 골랐으니 동전을 던져야지?

동전을 한 번 던질 때 앞면이 나올 확률은 $\frac{1}{2}$, 뒷면이 나올 확률도 $\frac{1}{2}$이야. 그런데 이때는 동전을 3번 던지는데 앞면이 2번 나올 확률을 구하랬잖아. 즉 3번 중 앞면이 2번, 뒷면이 1번 나올 경우로 독립시행이야.

일단 동전을 총 3번 던질 때 앞면이 2번 나오는 경우의 수는 얼마일까?

$_3C_2 = \frac{3 \times 2}{2 \times 1} = 3가지야.$ 그리고 이 각각의 경우에 대해 동전의 앞면이 2번, 뒷면이 1번 나올 확률은 $\left(\frac{1}{2}\right)^2 \times \frac{1}{2} = \frac{1}{8}$임을 알 수 있어. 이제 이걸 모두 곱하

면 동전을 3번 던져서 앞면이 2번 나올 확률이 나와.

$$_{3}C_{2} \times \left(\frac{1}{2} \right)^{2} \times \frac{1}{2} = 3 \times \frac{1}{8} = \frac{3}{8}$$

여기서 끝이 아니야. 앞에서 구한 확률 있지? 공의 색을 같게 골랐을 확률 $\frac{2}{5}$ 도 곱해야 최종적으로 두 번째 경우의 확률이 나오잖아. 꺼낸 2개의 공의 색이 같은 확률 $\frac{2}{5}$에 동전을 3번 던져 앞면이 2번, 뒷면이 1번 나올 확률 $\frac{3}{8}$을 곱하면?

$$\frac{2}{5} \times \frac{3}{8} = \frac{3}{20}$$

이렇게 두 번째 경우의 확률도 구했어. 문제에서 요구하는 것은 첫 번째, 두 번째 경우의 확률을 모두 더한 값이지? 자, 이제 더하기만 하면 답이 나와.

$$\frac{3}{20} + \frac{3}{20} = \frac{6}{20} = \frac{3}{10}$$

 정답 ①

한 번의 실패와 영원한 실패를 혼동하지 마라.

- F. 스콧 피츠제럴드

읽기만
해도
2등급

24 미분계수의 정의와 의미

$x=a$에서 미분계수
$f'(a)$의 정의를 이용하라!

주로 4점짜리 단답형 문제로 출제되는 유형이야.

미분계수의 정의를 이용하면 되니 크게 어렵지 않아. 잠깐 개념을 잡고 가 볼까?

$x=a$에서 미분계수 $f'(a)$의 정의는 다음과 같이 두 가지 형태로 표현돼.

$$f'(a)=\lim_{h\to 0}\frac{f(a+h)-f(a)}{h}=\lim_{x\to a}\frac{f(x)-f(a)}{x-a}$$

첫 번째 형태 $f'(a)=\lim\limits_{h\to 0}\dfrac{f(a+h)-f(a)}{h}$에서는 분모의 h와 분자 $f(a+h)$의 h가 같

아야 한다는 것이 중요해. 두 번째 형태 $f'(a)=\lim\limits_{x\to a}\dfrac{f(x)-f(a)}{x-a}$에서는 분모 $x-a$와 분

자 $f(x)-f(a)$의 x와 a의 위치를 유의해서 외워야 해.

또한 미분계수 $f'(a)$는 함수 $y=f(x)$ 그래프 위에 있는 $x=a$일 때의 점 $(a, f(a))$에서의

접선의 기울기 값을 의미한다는 것은 꼭 기억하고!

01

다항함수 $f(x)$가 $\lim\limits_{x \to 1} \dfrac{f(x)-3}{x-1} = 7$를 만족시킨다.

$g(x) = x^2 f(x)$라 할 때, $g'(1)$의 값을 구하시오. [4점]

$g'(1)$을 구하기 위해서는 주어진 $g(x)$의 식을 미분해 $g'(x)$를 만들고 x에 1을 대입하면 돼.

$g(x)$는 두 함수 x^2과 $f(x)$의 곱으로 이루어졌지?

이걸 곱의 미분법으로 미분하면 다음과 같아.

> 곱으로 이뤄진 함수
> $y = f(x)g(x)$를 미분하면?
> $y' = f'(x)g(x) + f(x)g'(x)$

$$g(x) = x^2 f(x)$$
$$g'(x) = (x^2)' f(x) + x^2 f(x)' = 2xf(x) + x^2 f(x)'$$

이렇게 나온 $g'(x)$의 x에 1을 대입하면?

$$g'(1) = 2 \times 1 \times f(1) + 1^2 \times f(1)' = 2f(1) + f(1)'$$

이걸 계산하려면 $f(1)$과 $f(1)'$의 값을 찾아 줘야 돼. 문제에 주어진 $f(x)$에 대한 극한을 살펴봐.

$$\lim_{x \to 1} \frac{f(x)-3}{x-1} = 7$$

이걸 보면 우리는 이런 생각을 할 수 있어야 돼.

먼저, x가 1에 가까워질 때의 값을 구하는 거니까 x에 1을 넣어 보면 분모는 0에 가까워지겠지? 그런데 분모가 0에 가까워질 때 극한값이 7로 존재하기 위해서는 분자도 0의 값에 가까워져 $\dfrac{0}{0}$ 부정형이 되는 방법밖에 없어.

x가 1에 가까워질 때 분자 $f(x)-3$도 0의 값에 가까워져야 하니까, x에 1을 넣어 보면 $f(1)=3$이란 것을 알 수 있어.

그러면 3 대신 $f(1)$로 바꿔 다시 극한을 나타내 줄 수 있어.

$$f(1)=3$$

$$\lim_{x \to 1} \frac{f(x)-3}{x-1} = \frac{f(x)-f(1)}{x-1} = 7$$

그런데, 이 식… 어딘가 낯익지 않니?

그래, 이 극한은 유형 설명에서 본 미분계수의 정의에서 두 번째 식과 형태가 같잖아!

$$x=a에서 \ 미분계수 \ f'(a)=\lim_{x \to a} \frac{f(x)-f(a)}{x-a}$$

$$a=1일 \ 때, \ f'(1)=\lim_{x \to 1} \frac{f(x)-f(1)}{x-1}$$

문제에 주어진 $\lim\limits_{x \to 1} \dfrac{f(x)-3}{x-1} = \dfrac{f(x)-f(1)}{x-1} = 7$은 $x=1$에서의 미분계수 $f'(1)$로써 이 값이 $f'(1)=7$임을 알려 주고 있는 거야.

자, 이제 찾아 놓은 $f(1)=3$과 $f'(1)=7$을 아까 구한 $g'(1)$식에 대입해 계산하면 답이 나올 거야.

$$g'(1)=2f(1)+f(1)'=2 \times 3+7=13$$

 정답 13

기출유형

02

> 두 다항함수 $f(x)$, $g(x)$가 다음 조건을 만족시킨다.
>
> (가) $g(x)=x^3f(x)-7$
>
> (나) $\lim\limits_{x \to 2} \dfrac{f(x)-g(x)}{x-2}=2$
>
> 곡선 $y=f(x)$ 위의 점 $(2, f(x))$에서의 접선의 방정식이 $y=ax+b$
> 일 때, a^2+b^2의 값을 구하시오. (단, a, b는 상수이다.) [4점]

조건 (가)는 함수 $f(x)$로 표현된 함수 $g(x)=x^3f(x)-7$를, 조건 (나)는

두 함수에 대한 극한 $\lim\limits_{x \to 2} \dfrac{f(x)-g(x)}{x-2}=2$를 주고 있어. 이때 $y=f(x)$ 위

의 점 $(2, f(2))$에서의 접선의 방정식을 구해야 돼. 먼저, 조건 (나)의 극한을

봐.

$$\lim\limits_{x \to 2} \dfrac{f(x)-g(x)}{x-2}=2$$

x가 2에 가까워질 때 분모는 0에 가까워지니까 극한값이 2로 존재하려면

분자 $f(x)-g(x)$도 0에 가까워져야 돼.

따라서 x에 2를 넣었을 때 $f(2)-g(2)=0$이 되어야 하지? 그래서

$f(2)=g(2)$로 같은 값을 가져.

그리고 꼭 알아야 할 요령! 미분계수를 배울 때 많이 연습해서 아마 알고 있을

거야. 극한 $\lim\limits_{x \to 2} \dfrac{f(x)-g(x)}{x-2}$ 는 미분계수 정의에 맞도록 다음과 같이 변형할 수 있어.

$$\lim_{x \to 2} \frac{f(x)-g(x)}{x-2} = \lim_{x \to 2} \frac{f(x)-f(2)-g(x)+g(2)}{x-2}$$

분자에 같은 값을 갖는 $f(2)$를 한 번 빼고 $g(2)$을 한 번 더하는 거야. 어차피 같은 값을 빼고 더한 거니 식의 값은 전혀 변하지 않아. 그러고는 합쳐져 있는 분수를 $f(x)$에 대한 항들과 $g(x)$에 대한 항들로 묶어 쪼개 봐.

$$\begin{aligned} \lim_{x \to 2} \frac{f(x)-g(x)}{x-2} &= \lim_{x \to 2} \frac{f(x)-f(2)-g(x)+g(2)}{x-2} \\ &= \lim_{x \to 2} \frac{f(x)-f(2)-\{g(x)-g(2)\}}{x-2} \\ &= \lim_{x \to 2} \left\{ \frac{f(x)-f(2)}{x-2} - \frac{g(x)-g(2)}{x-2} \right\} \end{aligned}$$

그러면 미분계수의 정의에서 두 번째 형태의 식, $x=a$에서 미분계수

$f'(a) = \lim\limits_{x \to a} \dfrac{f(x)-f(a)}{x-a}$ 가 $a=2$이면 이 두 식이 형태가 같아져.

이 요령을 이용하면 극한을 $f(x)$, $g(x)$의 $x=2$에서의 미분계수 값으로 바꿀 수 있어.

$$\begin{aligned} &\lim_{x \to 2} \left\{ \frac{f(x)-f(2)}{x-2} - \frac{g(x)-g(2)}{x-2} \right\} \\ &= \lim_{x \to 2} \frac{f(x)-f(2)}{x-2} - \lim_{x \to 2} \frac{g(x)-g(2)}{x-2} \\ &= f'(2)-g'(2) \end{aligned}$$

그리고 이 극한값이 2라고 문제에서 주어졌으니 $f'(2)-g'(2)=2$임을 알 수 있지?

이제 조건 (가)의 $g(x) = x^3 f(x) - 7$을 이용할 차례야.

이 식의 x에 2을 대입하면 같은 값을 갖는 $f(2)$, $g(2)$를 구할 수 있어.

$$g(2) = 2^3 \times f(2) - 7$$

$$g(2) = 8f(2) - 7$$

여기서 $g(2) = f(2)$ 때문에 $g(2)$를 $f(2)$로 바꿀 수 있어!

$$f(2) = 8f(2) - 7$$

$$7f(2) = 7$$

$$f(2) = 1$$

즉, $f(2) = g(2) = 1$이야. 이번에는 이 식을 미분해 x에 2을 대입해 봐.

$$g(x) = x^3 f(x) - 7$$

$$g'(x) = (x^3)' f(x) + x^3 f(x)' = 3x^2 f(x) + x^3 f(x)'$$

$$g'(2) = 3 \times 2^2 \times f(2) + 2^3 f(2)' = 12 f(2) + 8 f(2)'$$

좀전에 구한 $f(2) = 1$을 이 식에 넣으면 아래와 같아.

$$g'(2) = 12 f(2) + 8 f(2)' = 12 \times 1 + 8 f(2)' = 12 + 8 f(2)'$$

이 식을 조건 (나)에서 구한 $f'(2) - g'(2) = 2$와 연립하자.

$$\begin{cases} g'(2) = 12 + 8 f(2)' \\ f'(2) - g'(2) = 2 \end{cases}$$

연립한 식 중 아래 $g'(2)$자리에 위에 있는 식 $g'(2) = 12 + 8 f(2)'$를 대입해서 풀어 봐.

$$f'(2) - \{12 + 8f(2)'\} = 2$$

$$f'(2) - 12 - 8f(2)' = 2$$

$$-7f(2)' = 14$$

$$f(2)' = -2$$

$f(2)' = -2$의 값을 다시 $g'(2) = 12 + 8f(2)'$에 대입하면 $g'(2)$ 값도 구할 수 있어.

$$g'(2) = 12 + 8 \times (-2) = -4$$

마지막으로 문제에서 묻는 $y = f(x)$ 위의 점 $(2, f(2))$에서의 접선의 방정식을 구해 볼게. 지금까지 구한 조건들을 모두 정리하면 다음과 같아.

$$f(2) = g(2) = 1$$

$$f(2)' = -2, \ g'(2) = -4$$

$y = f(x)$ 위의 점 $(2, f(2))$는 $f(2) = 1$이므로 $(2, 1)$이잖아.

x가 2인 이 점에서의 접선의 기울기의 값은 $f(2)' = -2$이므로 이 점에서의 접선의 방정식은 다음과 같아.

지나는 점 : $(2, 1)$ 접선의 기울기 : $f(2)' = -2$

접선의 방정식 : $y - 1 = f'(2)(x-2)$

$$y - 1 = -2(x-2)$$

$$y - 1 = 2x + 4$$

$$y = 2x + 5$$

문제에서 이 접선의 방정식이 $y = ax + b$라고 하니 $a = 2$, $b = 5$로 $a^2 + b^2 = 2^2 + 5^2 = 4 + 25 = 29$임을 알 수 있어.

 정답 29

읽기만
해도
2등급

25 유리함수의 그래프

유리함수의 그래프에 대한
성질을 외워라!

교육과정 개정 후로 빠짐없이 모의고사, 수능에 3점 혹은 4점짜리 문제 초반부에 출제되고 있는 유형이야. 수2에서 유리함수와 무리함수를 함께 배우는데, 실제로 시험에서는 거의 유리함수만 출제되고 있어. 유리함수의 그래프는 다양한 성질을 갖고 있는데, 이를 잘 알고 있고, 또 응용할 수 있는지 묻는 거야. 문제를 풀며 수능에 출제되는 몇 가지 성질을 알아볼 테니 꼭 외우도록 해!

기출유형

01

좌표 평면에서 함수 $y = \dfrac{3}{x+p} + q$의 그래프의 점근선은 두 직선 $x=1$, $y=4$이다. 두 상수 p, q의 합 $p+q$의 값은? [3점]

① 1　　　② 2　　　③ 3　　　④ 4　　　⑤ 5

문제에서 유리함수 $y = \dfrac{3}{x+p} + q$의 그래프의 두 점근선이 직선 $x=1$, $y=4$라고 주어졌어. 우리 잠깐 여기서 유리함수의 성질을 정리하고 문제를 풀어 볼까?

다음은 유리함수 $y = \dfrac{k}{x-p} + q$의 그래프야.

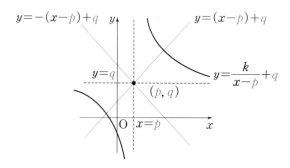

이 그래프는 점근선으로 직선 $x=p$, $y=q$를 가져. 그리고 유리함수는 대칭성이 있어. 두 점근선의 교점 $(p,\ q)$에 대하여 대칭이고, 또 두 직선 $y=(x-p)+q$와 $y=-(x-p)+q$에 대하여 대칭이야. 대칭점인 $(p,\ q)$

> 함수가 어떤 직선으로 한없이 가까워질 때, 이 직선을 그 함수의 점근선이라고 해.

는 이 두 직선 $y=(x-p)+q$와 $y=-(x-p)+q$ 위에 존재하는 공통의 점이란 것도 꼭 알아야 돼!

복잡하다고? 암기 요령이 있어. 유리함수 $y=\dfrac{k}{x-p}+q$의 분모 $x-p$가 0이 되는 $x=p$가 점근선이고, 그때 분수 옆에 더해져 있는 q가 또 다른 점근선 $y=q$를 나타낸다고 기억하면 돼. 나머지 대칭성도 p와 q의 위치에 주목하면서 외우면 되겠지?

다시 문제로 돌아오자. 방금 알아보았듯이 $y=\dfrac{3}{x+p}+q$에서는 점근선이 분모 $x+p$가 0이 되는 $x=-p$, 분수 옆에 더해져 있는 q가 또 다른 점근선 $y=q$가 되겠지?

문제는 점근선 $x=1$을 주고 있으니 $x=-p$와 같으려면

$$-p=1$$
$$p=-1$$

또 문제에서 준 점근선 $y=4$와 $y=q$가 같아야 하니까 $q=4$가 되겠지?

따라서 문제에서 구해야 하는 두 상수 p, q의 합은?

$$p+q=(-1)+4=3$$

 정답 ③

함수 $f(x) = \dfrac{2x-3}{x-5}$의 그래프가 직선 $y = -x + k$에 대하여 대칭일

때, 상수 k의 값을 구하시오. [4점]

이번에는 $y = \dfrac{ax+b}{cx+d}$ 형태로 표현된 유리함수 $y = \dfrac{2x-3}{x-5}$의 그래프가

$y = -x + k$에 대하여 대칭이래.

$y = \dfrac{ax+b}{cx+d}$ 형태로 나타낸 유리함수 그래프로는 점근선 또는 대칭하는 점과

직선은 찾기 어려워서 이를 $y = \dfrac{k}{x-p} + q$ 형태로 변형시켜야 돼. 어떻게?

바로 유리함수 $y = \dfrac{2x-3}{x-5}$의 분자 $2x-3$을 다음과 같이 분모 $x-5$의 곱

형태로 나타내는 거야.

$$y = \frac{2x-3}{x-5} = \frac{2(x-5)+7}{x-5}$$

그리고 이렇게 통분된 분수를 덧셈으로 나눠서 정리하는 거야.

$$y = \frac{2(x-5)+7}{x-5} = \frac{2(x-5)}{x-5} + \frac{7}{x-5}$$

$$= 2 + \frac{7}{x-5} = \frac{7}{x-5} + 2$$

즉 유리함수 $y = \dfrac{2x-3}{x-5}$ 은 $y = \dfrac{7}{x-5} + 2$ 로 변형할 수 있어.

그럼 이제 변형한 형태의 유리함수에 대칭하는 직선을 구해 볼까.

앞 문제에서 본 유리함수 정의에서 $y = \dfrac{k}{x-p} + q$ 는 두 직선

$y = (x-p) + q$ 와 $y = -(x-p) + q$ 에 대칭이랬지? 이 문제의 유리함수

$y = \dfrac{7}{x-5} + 2$ 의 경우는 $p = 5$, $q = 2$ 라는 것을 알 수 있어.

정리하면 두 직선 $y = (x-5) + 2 = x - 3$ 과 $y = -(x-5) + 2 = -x + 7$

에 대해 대칭이야. 문제에서 주어진 직선 $y = -x + k$ 는 x 의 계수가 -1 일

때니까 대칭하는 두 직선 중 $y = -x + 7$ 인 거지. 즉, k 값은 7이야.

참고로 유리함수 $y = \dfrac{7}{x-5} + 2$ 는 점근선이 $x = 5$, $y = 2$ 이니까 이 점근선

의 교점인 $(5,\ 2)$ 에 대하여도 대칭이야. 그런데 점근선의 교점 $(5,\ 2)$ 는 유리

함수를 대칭시키는 두 직선 위에 존재해. 따라서 문제에서 주어진 직선 $y = -$

$x + k$ 위에도 점 $(5,\ 2)$ 가 존재하므로 이걸 대입해서 답을 구할 수도 있어.

$$y = -x + k$$
$$2 = -5 + k$$
$$k = 7$$

 정답 7

당신 자신을 믿어라.
그러면 그 무엇도 당신을 막지 못할 것이다.

- 에밀리 과이

읽기만 해도 최소 수능 2등급이라니!
: 수학 나형 기출문제

초판 1쇄 발행 2017년 8월 7일

지은이 이윤원
펴낸이 고영은 박미숙

편집이사 인영아 | 책임편집 이가현
뜨인돌기획팀 이준희 박경수 김정우 이가현
뜨인돌어린이기획팀 조연진 임솜이 | 디자인실 김세라 이기희
마케팅팀 오상욱 여인영 | 경영지원팀 김은주 김동회

본문디자인 디자인서가 | 본문조판 현수정

펴낸곳 뜨인돌출판(주) | 출판등록 1994.10.11.(제406-251002011000185호)
주소 10881 경기도 파주시 회동길 337-9
홈페이지 www.ddstone.com
대표전화 02-337-5252 | 팩스 031-947-5868

ISBN 978-89-5807-654-4 53410